U0059299

作墨子的CEO門徒
兼愛非攻的管理講義

歐陽翰、劉燁 編著

顛覆傳統的柔性攻略

目錄

序言

　　墨子（約西元前四六八至前三七六年），姓墨名翟，魯國人，戰國初期著名的思想家、教育家、學者、墨家學派的創始人。

　　墨子出身平民，自稱「北方之鄙人」，人稱「布衣之士」和「賤人」，漢代王充說：「孔墨祖愚，丘翟聖賢。」墨子曾仕於宋，為大夫，自詡「上無君上之事，下無耕農之難」。墨子師從史角之後，傳其清廟之法。又學於儒者，習孔子之術，稱道堯舜大禹，明於《詩》、《書》、《春秋》，因不滿儒家禮樂煩苛，於是棄周道而用夏政。宣揚「兼愛」、「非攻」、「尚賢」、「尚同」、「節用」、「節葬」、「非樂」、「天志」、「明鬼」、「非命」十種主張。

　　為宣揚自己的主張，墨子廣收生徒，尋常親從弟子數百人，形成聲勢浩大的墨家學派。墨子上說「王公大夫」，下教「匹夫徒步之士」，幾乎「遍從人而說之」。《莊子·天下篇》稱讚說：「墨子真天下之好也！將求之而不得也，雖枯槁不捨也，才士也夫！」行跡所至，東到齊，西遊鄭、衛，南至楚、越。曾徒步行走十晝夜至楚，與公輸般論戰，成功地制止了楚對宋的侵略戰爭。墨子博學多才，擅長工巧和製作，曾製作「木鳶」，三日三夜飛翔不下。還長於守城之術，其後學總結其經驗為《城守》。墨子還在辯說方面有所成就，他是戰國名辯思潮的祖源之一。墨子的事跡分別見於《荀子》、《韓非子》、《莊子》、《呂氏春秋》、《淮南子》等書，其思想則主要保存在墨家後學《墨子》一書中。

　　《墨子》是墨家學派的著作總結。《漢書藝文志》記載，《墨子》原有七十一篇，而流傳至今的僅十五卷五十三篇，佚失十八篇。學術界一般認為《墨子》是由墨子的弟子及其後學在不同時期記述編纂而成，反映了前期墨家和後期墨家的思想。

　　墨子雖然是兩千多年前的人，但他的若干主張，不僅適用於戰國時期，也適用於現代。他的兼愛、非攻、尚賢、尚同、節用等主張，不僅與現代生活不相違背，而且還有啟迪作用。

　　本書正是墨子兼愛、非攻等思想在現代管理學中的活用。書中融墨子的智慧與管理精義於一體，以淺近的筆觸，反映了墨子的思想重點，論述了顛覆傳統的柔性管理學。希望讀者能從淺顯處了解墨子的為人，接觸墨子的思想，獲得切實可行的現代管理知識。

　　毋庸置疑，墨子是世界文明史上的巨人。胡適稱之「也許是中國出現的最偉大的人物」，魯迅稱之「是中國的脊梁」，亦有人稱之「是比孔子高明的聖人」。無論是當時還是當今，墨子的思想都具有巨大的發掘研究價值和重要的現實意義。

親士篇

　　「親士」是墨子的政治主張之一。墨子認為，要治國安邦，君主必須親近賢士，使用賢才。為此他專門論述了如何親士和用士的問題，指出「良弓難張，然可以及高入深；良馬難乘，然可以任重致遠；良才難令，然可以致君見尊。是故江河不惡小谷之滿己也，故能大……是故江河之水，非一源之水也……夫惡有同方取不取同而已者乎？蓋非兼王之道也……是故溪狹者速涸，逝淺者速竭。」墨子認為，領導者只有像江河納百川那樣，不拘小流，虛懷若谷，才能廣泛招攬使用各方面的人才；只有像江河有無數源頭那樣，善於採納不同的意見兼收並蓄，才能兼聽則明，上下同心，長治久安。反之，如果器量狹小，不能包容萬物，廣施恩澤，就會像狹小的溪流容易乾涸、很小的小川容易枯竭那樣，成為孤家寡人，最終落得個眾叛親離、土崩瓦解的下場。

▌一 人才是企業發展的根本

　　古人云：「天下之政，非賢不成。」治理國家需要賢才，一個興旺發達的企業同樣離不開人才的支撐。在硝煙四起的現代經濟競爭中，誰贏得了人才的優勢，誰就贏得了企業的發展與繁榮。

　　子墨子言曰：「入國而不存其士，則亡國矣。」

——語出《墨子·親士》

　　《墨子·親士》篇中有：

「入國而不存其士，則亡國矣。見賢而不急，則緩其君矣。非賢無急，非士無與慮國，緩賢忘士而能以其國存者，未曾有也。」

意思是說，進入朝廷治理國家不恤問那些賢士，那麼國家就會滅亡。發現了賢士不馬上重用，那麼他們就會怠慢君主。沒有比重用賢士更著急的事了，假如沒有賢士就沒有與君主商量國家大事的人。如果不重用賢士想使自己的國家得到保全，這是不曾有的事。

正所謂「得賢則昌，失賢則亡。」得到賢人才能繁榮昌盛，失掉賢人就會走向衰亡。

古代著名的思想家范仲淹在《選任賢能論》中也指出「得賢傑而天下治，失賢傑而天下亂。」得到賢明和傑出的人才，國家就安定而有秩序；拋棄了賢明和傑出的人才，國家就會混亂。人才對於國家而言，就像利器對於高明的工匠、繩墨對於靈巧的木匠一樣必不可少。

楚漢相爭，實際上是人才之爭。

陳平是一個從楚來的逃犯，劉邦與之談話，見他很有才智，心中大喜，便任其為都尉，兼參乘，典護軍，這雖非大官，但卻是重要的官職，參乘是親信侍衛，與劉邦同車出入，非心腹之人不能勝任，儘管諸將知道了都為之譁然，但並不能動搖劉邦對陳平的信任，反而更厚待陳平。

劉邦對陳平如此器重，足見他確是知人善任。而後來的事實證明，陳平確實是一個奇才。劉邦之所以能戰勝項羽，處於危機

能夠轉危為安,以及劉氏政權不被呂氏所奪,陳平出奇計起了重要的作用。除了陳平之外,劉邦還物色了韓信、英布、張良等奇人猛將為己所用。

項羽是叱吒風雲的英雄人物,他深諳兵法,力可拔山舉鼎,他「破釜沉舟」,於鉅鹿與秦主力決戰,九戰九勝,大破秦軍,諸侯顫慄;楚漢相爭,他屢戰屢勝。他總結其一生的戰績時說:「吾起兵至今八歲矣,身七十餘戰,所當者破,所擊者服,未嘗敗北。」

然而,這位蓋世英雄最後卻自刎烏江,其故安在?說到底還是識人用人的問題。項羽自恃勇冠三軍,對韓信、陳平、英布等一干謀臣武將視而不見,致使後者紛紛離楚歸漢。人才在身邊不知任用,終把自己弄成孤家寡人。因此,在這場楚漢之爭中,誰勝誰敗,早成定局。

在《親士》篇中,墨子舉例「夏桀、商紂不正是不重用天下那些賢士嗎?最終自身被殺而丟掉了天下。」他因此而提出了「送國寶,不如薦賢士」的名言。

賢人對於國家如此重要,對於競爭日趨激烈的企業,又何嘗不是這樣呢?可以毫不誇張地說:「人才決定著一個企業的命運。」君不見一些企業重視賢能人才,不惜重金吸引與聘用賢人,為企業注入高附加價值的人力資本,為企業發展注入新的活力。

世界著名企業家艾柯卡在總結自己成功經驗時,曾反覆提到人才的重要性。他認為,身邊圍繞著一大批能幹的專家是每一個

企業管理者所必須做到的，因為人才是企業的根本，失去人才必然失去企業的生命力。

在美國微軟公司，發掘和選聘優秀的人才是其首要任務。比爾·蓋茲認為，微軟公司的成功是「聘用了一批精明強幹的人」。

歷史和現實均證明了墨子親士思想的正確性與合理性。

智者慧語

古人云：「知能不舉，則為失才。」乃是高明之見，謀求發展必須把人才作為根本，有才必舉是順理成章的事情，如果知道人才而不舉薦，識了奸人而不貶斥，像寒蟬一樣默不作聲，那麼一個國家就會沒落，一個團隊就不可能興旺發達。因此，「在位者以求賢為務，受任者以進才為急。」

墨子諫君

子墨子言曰：「入國而不存其士，則亡國矣。」進入朝廷治理國家不恤問那些賢士，那麼國家就會滅亡。

王安石在《王文公文集·材論》中有：「天下之患，不患材之不眾，患上之人不欲其眾；不患士之不欲為，患上之人不使其為也。夫材之用，國之棟梁也，得之則安以榮，失之則亡以辱。」即天下之可憂慮的，不是怕沒有眾多人才，而是怕身居高位的人不讓他們發揮才幹。人才是國家的棟梁，得到廣大的人才，國家就會安定繁榮；失去眾多的人才，國家就會衰亡受辱。

連結解讀

原文精華

入國而不存其士，則亡國矣。見賢而無急，則緩其君矣。非賢無急，非士無與慮國，緩賢忘士而能以其國存者，未曾有也……桀紂不以其無天下之士邪？殺其身而喪天下。故曰：「歸國寶，不若獻賢而進士。」

——《親士第一》

今譯

進入朝廷治理國家不恤問那些賢士，那麼國家就會滅亡。發現了賢士不馬上重用，那麼他們就會怠慢君主。沒有比重用賢士更著急的事了，假如沒有賢士就沒有與君主商量國家大事的人。如果不重用賢士想使自己的國家得到保全，這是不曾有的事。……夏桀、商紂不正是不重用天下那些賢士嗎？最終自身被殺而丟掉了天下。所以說：「送國寶，不如薦賢士。」

入國而不存其士，則亡國矣。

——墨子·《親士》

唐代韓愈有：「世有伯樂，然後有千里馬。千里馬常有，而伯樂不常有。」

伯樂使日行千里的馬不至辱於奴隸之手、駢死於槽櫪之間。當年的屈原以駿馬自居，感嘆無人了解，「伯樂既沒，驥焉程兮。」即伯樂死後，還有誰能識別駿馬？伯樂之所以偉大、千百年來為世人所稱誦，是因其有識賢用賢之能。

▋二 正確的決策來自眾人的智慧

正確的決策是企業生存的命脈。在關鍵時刻，一個正確的決策就能使企業起死回生，而一個失敗的決策則會使企業瀕於破產。任何一個管理者，要想避免決策失誤，唯一的妙方就是發動人人獻計獻策充分利用群體的智慧。

子墨子言曰：「千鎰之裘，非一狐之白也。」

——語出《墨子·親士》

《墨子·親士》篇中有：

「江河之水，非一源之水。」「溪狹者速涸，逝淺者速竭。」「江河不惡小谷之滿己也，故能大。聖人者，事無辭也，物無違也，故能為天下器。」

意思是說，滔滔的江河之水，不是來自一個源頭。狹窄淺薄的水流容易乾枯。江河不討厭小溪水流向自己，所以才匯成大江大河。聖人的心胸能包容萬事萬物，所以才能成為天下大器。「集腋成裘」的成語，本意指積聚許多狐狸腋下純白珍美的小塊皮毛，而製成一件純白狐皮袍，寓意積小成大，合眾力成大事。墨子也說：「千鎰之裘，非一狐之白也。夫惡有同方取不取同而已者乎？蓋非兼王之道也。」聖明的君主應該如「集腋成裘」那樣，聽取不同意見。聽取意見時只看它是否合乎道理，而不是看它跟自己的意見是否相合。

「兼」，人們常說「兼收並蓄」、「兼容並包」、「兼聽則明」，都顧及了各個方面的意思，墨子將能夠聽取不同的意見視

為統一天下的稱王之道。《親士》篇指出：「善議障塞，則國危矣。」堵塞言路，使好的意見不能傳達上來，國家就要危亡了。這是許多歷史教訓的總結。

同樣，聰明的管理者也非常重視員工對工作的看法，積極採納員工提出的合理建議。員工參與管理會使工作計劃和目標更趨於合理，並增強了員工工作的積極性，提高了工作效率。

柯達公司的創始人喬治·伊士曼便是善於此道的管理者，他認為公司的許多設想和問題，都可以從員工的意見中得到反映和解答。為了收集員工的意見，他設立了意見箱，這是美國企業界的一項首創。公司裡的任何人，不管是白領工人還是藍領工人，都可以把自己對公司某一環節或全面的策略性的改進意見寫下來，投入建議箱。公司指定專職的經理負責處理這些建議。被採納的建議，如果可以替公司省錢，公司將提取前兩年節省金額的一五％作為獎金；如果可以引發一種新產品上市，獎金是第一年銷售額的三％；如果未被採納，也會收到公司的書面解釋函。建議都被記入本人的考核表格，作為提升的依據之一。

柯達公司的「建議箱」制度，從一八九八年開始實施，堅持到現在，第一個向公司提建議的是一個普通工人，他的建議是軟片室應該有人負責擦洗玻璃，他的這一建議得到二十美元的獎勵。設立建議箱一百多年來，柯達公司共採納員工所提的七十多萬個建議，付出獎金達兩千萬美元。這些建議，減少了大量耗財費力的文牘工作，更新了龐大的設備，並且堵塞了無數工作的小漏洞。例如，公司原來打算耗資五十萬美元興建包括一座大樓在內的設施來改進裝置機的安全操作。可是，工人貝金漢提出一項

建議，不用興建大樓，只須花五千美元就可以辦到。這項建議後來被採納，貝金漢為此獲得了五萬美元的獎金。

墨子「集腋成裘」的主張，柯達公司的例證，告訴了我們：現代管理者和員工的溝通，不能再局限於對員工的噓寒問暖，而是應該鼓勵員工參與到工作目標的決策中來。

智者慧語

日本豐田汽車公司以好產品好主意為目標，工廠到處設有建議箱，各部門設立建議委員會、事務局，把建議的方針貫徹到工廠的各個角落，並對提出好主意的人實施獎勵。美國的坦登公司則實行「五分鐘會議」，在這五分鐘內，任何人都可以提建議，參與會議的人不允許對別人的意見進行批評，主持人也不發表意見，以保證會議的自由氣氛。這些制度的建立，對尋找「高見」非常有效。

墨子觀水

子墨子言曰：「江河之水，非一源之水也。」

滔滔的江河之水，不是來自一個源頭。

墨子認為，執政者只有像江河納百川那樣，不拘小流，虛懷若谷，才能廣泛招攬使用各方面的人才；只有像江河有無數源頭那樣，善於採納不同的意見兼收並蓄，才能兼聽則明，長治久安。

連結解讀

原文精華

江河不惡小谷之滿己也，故能大。聖人者，事無辭也，物無違也，故能為天下器。是故江河之水，非一源之流也；千鎰之裘，非一狐之白也。夫惡有同方取不取同而已者乎？蓋非兼王之道也。

溪狹者速涸，逝淺者速竭。

善議障塞，則國危矣。

——《親士第一》

今譯

江河不討厭小溪水流向自己，所以才匯成大江大河。聖人，不推辭任事，能接受別人的意見，所以能成為天下的大才。因此，滔滔的江河之水，不是來自一個源頭；價值千金的白裘，不是從一隻狐狸的腋下取來的。哪有與自己的意見相同的就採納，而與自己意見不同的就不採納的道理呢？這不是統一天下的稱王之道。

狹小的溪流乾涸得快，淺流枯竭得快。

好的建議被阻塞聽不到，那國家就危險了。

千鎰之裘，非一狐之白也。

——墨子·《親士》

「集腋成裘」的成語，本意指積聚許多狐狸腋下純白珍美的小塊皮毛，而製成一件純白狐皮袍，寓意積小成大，合眾力成大事。開明的君主應該像「集腋成裘」那樣，聽取不同的意見。聽取意見時應只看它是否合乎道理，而不是看它是否跟自己的意見相合。

三 怎樣管理好最難管理的人

在知識經濟已經到來的今天，真正的財富和資源乃是人的知識和創意。知識管理的核心就是對知識工作者創造力和智慧的管理。毋庸置疑，要管理好知識工作者，無疑從素質上、業務上以及管理方法上，對管理者都提出了更高的要求。

子墨子言日：「良弓難張，然可以及高入深；良馬難乘，然可以任重致遠；良才難令，然可以致君見尊。」

——語出《墨子·親士》

《墨子·親士》篇中有：

「良弓難張，然可以及高入深；良馬難乘，然可以任重致遠；良才難令，然可以致君見尊。」意思是說，良弓難以拉開，卻能射得高入得深；良馬難於騎乘，卻能載著重任到達遠方；良才難於駕御，卻能使君主被尊敬。

在企業管理中，知識工作者常被人們稱之為「最難管理的人」，但正如墨子所說：「良才難令，然可以致君見尊。」因此，在你抱怨知識工作者不好管理的時候，請先問一問自己：我是否

具備了管理知識工作者的能力？我是否找到了管理知識工作者的有效方法？

知識工作者之所以被認為是「最難管理的人」，其主要原因是：

在管理知識工作者的時候，管理者一方面迫切需要有創造力而且能獨立思考的人，一方面又需要用一定的紀律來約束他們；一方面他們總的來說自我管理意識比較強，對被人「管著」很反感，可一方面又不能不去管理他們；一方面管理者經常需要他們做不易做出明確結論的工作，一方面又必須對他們的工作績效給予明確的評估。由這些方面所構成的矛盾，即是管理知識工作者的難點之所在。因此，一個管理者能否有效地管理這些「最難管理的人」，就看其是否能妥善處理這些矛盾。

在使用他們時，要辨其志，用其能

按社會心理學的性格論分析，知識工作者多屬「理論志向型」，他們擅長理性思維，對事物好壞的辨別一般比較敏銳，喜歡挑毛病，並且一旦看出來就會毫無情面地講出來，常給人以「面子可丟，但理不可不明」的感覺；他們即使得到你某種程度的讚揚，也不像一般人那樣受寵若驚，並對你感恩戴德；他們對事物一般不輕信，很少有盲目崇拜心理，更喜歡的是求實、較真、平等。

所以，要管理好知識工作者，首先管理者自己就應在某一領域或方面是個「行家」，這可在心理上獲得他們的認同。很難想

像，一個無所專長的人會管理好一批專家，一個業務不精的人能領導好一批業務尖兵。

其次以品學兼優、技有所專為基礎，誠心誠意地對待他們，多為他們提供服務，多替他們著想，從思想上、工作上、生活上關心他們，維護他們的正當權益。在工作中即使偶有差錯，在情況沒弄明白之前，也要暫且將其視為「無辜」，儘量多表揚，少埋怨；如果真的出了差錯，即使責任都在他們身上，自己也要主動做出檢討，切不可幸災樂禍，推過諉責，甚至抓他們的「小辮子」。

三是尊重他們的個性，不恥下問。知識工作者大都有他們獨到的見解，自尊心較強，不喜隨聲附和，這就要求管理者應有良好的民主意識和開明作風，在做某一決策時，要盡可能地與他們多交流並虛心向他們諮詢，尤其是在做某一決策時，要儘量發揮知識工作者的智慧優勢，大開言路，廣徵博採，不恥下問。尤其要注意尊重他們的首創精神，即使他們所提意見有所偏激或完全錯誤，也應採取積極的態度，耐心傾聽後再做取捨，切不可不加分析，動輒予以「封殺」。

四是要根據他們的性格、專業、愛好等不同特點，將他們合理配置起來，以便使他們之間相互補充、相得益彰，以更好地發揮整體最佳效應。

在批評他們時，要顧於情，達於理

知識工作者大都對批評比較在意，他們很愛面子，一些人還有較強的虛榮心，這就要求管理者在必須批評他們的時候掌握一

定的藝術。概而言之，一要點到為止，知識工作者一般都比較敏感，在很多情況下，批評他們只須「旁敲側擊」即可，而不必大呼小叫、指手畫腳，這樣往往適得其反。二要選擇場合，批評最好在私下、單獨的場合進行，切不可在大庭廣眾之下揭其短處，指其不足，這樣只能增加他們對你的怨恨。三要語氣緩和，最好用協商的口吻，擺事實，講道理，拿出充分的依據來證明他的所作所為是不妥的，而不能暴跳如雷，生硬蠻橫，這只會使他們從心眼裡瞧不起你。

對於如何更得體地批評知識工作者，美國時代 - 沃納公司前總編輯多諾萬也提出過一個總的原則，他說：「成功地批評知識工作者必須包含三點意思：第一，你能做得更好。事實上有些工作你已經做得很好了，我只是希望你能將其餘的工作做得同樣出色；第二，對你的同事也是以同樣的標準來衡量的；最後一條，對我本人，也希望你和其他人以這些標準來要求。」當然，對於大是大非問題、原則問題，也不排除「爆發式」或者「冷處理」的解決辦法，此當別論。

在評價他們的工作時，要得之理，處之公

知識工作者的勞動成果有很多是不好明確衡量的，這與他們所從事的工作的性質有關，因此在評價他們的工作時要儘量注重公論，著眼實際，避免主觀武斷和偏頗，以使評價結果及過程科學公正，讓他們心服口服。此外，在評價方法上也要有所講究，一般來說，採取民主與個人鑑定相結合、定性與定量相結合、研究成果與實際效果相結合等多方位、多側面、多層次地進行考評，

就非常有利於衡量知識工作者的工作成效。對做出重大貢獻的知識工作者一定要予以重獎，因為他們受之無愧。

智者慧語

實踐證明，成功企業的背後，都有出類拔萃的優秀管理者。作為一名出色的管理者要有統御下屬的能力，既能充分信任下屬，讓他們各盡所能發揮自己的才幹；又能有效地管理、領導下屬，以保證企業在一個良性的軌道上順利前行。而這一切除要求管理者具有獨特的個人魅力之外，更重要的是管理者要掌握一定的管理技巧。

連結解讀

原文精華

良弓難張，然可以及高入深；良馬難乘，然可以任重致遠；良才難令，然可以致君見尊。

——《親士第一》

今譯

良弓難以拉開，卻能射得高入得深；良馬難於騎乘，卻能載著重任到達遠方；良才難於駕御，卻能使君主被尊敬。

良才難令，然可以致君見尊。

——墨子·《親士》

《君經》上說：「對於官員的作風與功績，在於清明廉潔，在於人才。得人才主要在於尊賢下士，屈己有禮於人。」又說：「百

官容易求取，聖才卻難以求到。百官的才能，用利益就能辦到，用俸祿就能應徵。只有聖賢的人才，不是名位可以應徵的，不是俸祿可以得到的，必須優禮有加，才可得到而任用。」

尚賢篇

「尚賢」是墨子治國的基本綱領。戰國初期，政權仍為貴族封建主要壟斷。廣大下層士人要求參與政事的呼聲日高。對此墨子提出了「使能以治之」的任人唯賢原則，指出用人應當「不黨父兄，不偏貴富，不嬖顏色」，「雖在農與工肆之人，有能則舉之，高予之爵，重予之祿，任之以事，斷予之令」，進而提出了「官無常貴，而民無終賤。有能則舉之，無能則下之」的用人主張。這種打破階級的劃分，而給予有才德的人重新估價的觀念，在戰國中期雖不足為奇，但在戰國初期，墨子提出這種主張，則具有非凡的勇氣和遠見卓識。

▍四 賞罰分明鞭策員工

賞——能夠激勵眾人，罰——能夠儆百。賞不可以不公平，罰不可以不一樣。賞賜恰當，士則會捨生忘死地效力；刑罰嚴明，士則會有所畏懼而不敢為所欲為。

子墨子言曰：「譬若欲眾其國之善射御之士者，必將富之貴之敬之譽之。」

——語出《墨子·尚賢上》

《墨子·尚賢上》中有：

「是故國有賢良之士眾，則國家之治厚；賢良之士寡，則國家之治薄。故大人之務，將在於眾賢而已。」國家所擁有的賢良

之士多，那麼國家的治績就大；賢良之士少，那麼國家的治績就小。所以大人的首要任務，就在於如何使賢良之士增多。

那麼，使賢士增多的方法是什麼呢？

墨子說：「譬如想要增多一個國家的善於射箭、駕車的人，就必須使他們富裕，令他們顯貴，尊敬他們，稱譽他們，這之後國家善於射箭、駕車的人就能夠增多了。」

墨子的言下之意，即要使國家的良士增多，也一定要使他們富裕，令他們顯貴，尊敬他們，稱譽他們。

「富之貴之敬之譽之」，毫無疑問，這是「賞」，而與「賞」相對的就是「罰」，於是墨子接著說：「不義不富，不義不貴，不義不親，不義不近。」即不義之人不使他富裕，不義之人不令他顯貴，不義之人不使他親寵，不義之人不使他接近，如此賞罰分明，自然賢良之士增多，不義之人減少。

墨子的話很有道理，企業的管理者也必須善於運用賞罰的策略。

如果員工在工作上取得了成績，而做主管的卻視若無睹，有功不賞，或抑功吝賞，或獎賞錯位，勢必會使真正有功的下屬失望，從而在業務上不再奮發努力，並影響到全局的工作。因此，對下屬的表現一定要明確無誤的予以獎勵。

這方面最好的例子恐怕要數中國歷史上的一個故事了。

春秋戰國時期，魏國的大軍師吳起向君王魏武侯建議：當武侯於祖廟設宴款待國家的有功之臣時，席位應該按功績的大小分

列成前、中、後三排。建立了上等功績的功臣當坐於前排，享受最上等的菜餚和最好的餐具；功績稍次的臣子坐於中排，餐具和菜餚相對差些；而沒有功績的人就坐在最後面，菜餚和餐具當然是最次的了。同時，在宴席之後，還要在廟門之外對有功之人的家屬，再按其功績大小進行賞賜與獎勵。這樣，不僅有功者受到了與其功績相稱的恩寵，而無功者亦於無形中受到鞭策，使之以此自勉，以圖日後立功。

　　吳起的建議與墨子如出一轍，雖然做法在現代並不完全適用，但其精神，無論在行政管理，還是商業戰場上仍然值得我們借鑑與思考。

　　管理者對下屬的功績，一定不能忽視。當然，對下屬的功勞大有大的獎勵方法，小有小的鼓勵方式，要因人而異、因功績而異。但一定要遵循一個前提，就是賞罰分明。如果不分大小，不管有無貢獻，人人有份，吃「大鍋飯」，則久而久之，有能力者會感到不公平而變得消極起來，沒有能力者也覺得反正有自己一份而依然故我。

　　因此，對於有功的一定要獎勵，對於混飯吃的一定要處罰。兩相比較，就能更好地鼓勵先進者，鞭策後進者，於個人、於群體都大有好處。

智者慧語

　　許多企業缺乏系統的獎罰制度，在獎罰這一問題上，往往「頭痛醫頭、腳痛醫腳」。在實際的操作中，常常是東一榔頭西一棒

子，缺乏制度化。這往往就是獎罰不當或獎與罰只講一面的重要原因。

連結解讀

原文精華

子墨子言曰：「是故國有賢良之士眾，則國家之治厚；賢良之士寡，則國家之治薄。故大人之務，將在於眾賢而已。」

曰：「然則眾賢之術將奈何哉？」子墨子言曰：「譬若欲眾其國之善射御之士者，必將富之貴之敬之譽之，然後國之善射御之士，將可得而眾也。況又有賢良之士厚乎德行，辯乎言談，博乎道術者乎！此固國家之珍而社稷之佐也，亦必且富之貴之敬之譽之，然後國之良士亦將可得而眾也。」是故古者聖王之為政也，言曰：「不義不富，不義不貴，不義不親，不義不近。」

——《尚賢上第八》

今譯

墨子說：「國家所擁有的賢良之士多，那麼國家的治績就大；賢良之士少，那麼國家的治績就小。所以大人的急務，將在於如何使賢良之士增多。」

那麼，使賢士增多的方法是什麼呢？墨子說：「譬如想要增多一個國家的善於射箭、駕車的人，就必須使他們富裕，令他們顯貴，尊敬他們，稱譽他們，這之後國家善於射箭、駕車的人就能夠增多了。況且又有賢良之士，德行篤厚，言談雄辯，道術宏博，他們實在是國家的珍寶和社稷的良佐呀！也一定要使他們富

裕，令他們顯貴，尊敬他們，稱譽他們，這之後國家的良士也就能夠增多了。」所以古時聖王治理國家時，說道：「不義之人不使他富裕，不義之人不令他顯貴，不義之人不使他親寵，不義之人不使他接近。」

▋五 不拘一格選人才

任人唯親，職務上只能升不能降，往往滋生腐敗；以出身定終身，是選才的大忌；以貌取人，沒有絲毫科學根據，會傷了許多人才的心；憑個人的好惡選才，將使大批的人才流失，使投機取巧者大行其道。

子墨子言曰：「雖在農與工肆之人，有能則舉之。」

——語出《墨子·尚賢上》

《墨子·尚賢上》中有：

「古者聖王之為政，列德而尚賢。雖在農與工肆之人，有能則舉之。」

意思是說，古時的聖王治理國家，任賢崇德。即使是從事農業與手工業、經商的人，只要有能力就選拔他。

可見，墨子主張不拘一格選人才。

墨子在論賢及選賢時還強調要做到三點，即「不黨父兄，不偏貴富，不嬖顏色。」這些對於當今人事管理也是很有借鑑意義的。

（一）不要任人唯親

任人唯親，即任用人不管德才如何，只選擇與自己關係密切的。

任人唯親，實際上是一種「小農意識」。正所謂「肥水不流外人田」，任人唯親的管理者形成了這種錯誤的意識，他就會在心理上排斥外來的力量、排斥那些出類拔萃的人才，用而不舉，罰而不賞，終使優秀的人才喪失鬥志，跳槽他處也極為正常。人才流失實為可惜，而企業沒有新鮮血液的注入，就會不斷老化，再加上一些不具備領導能力的親人加入，管理不善，職務上只能升不能降，腐敗滋生，就更是雪上加霜，使企業走向衰亡。

因此，管理者必須從觀念上、行動上，徹底擺脫任人唯親思想的影響，任人唯賢，做到不偏不倚，企業才會越發活力四射、生機盎然。

（二）不以出身取才

「梅花香自苦寒來」，溫室雖好，但培育不出蒼松翠柏。出身低微的人裡頭未必就沒有大才大德的人。以出身定終身，是選才的大忌。

在中國古代歷史上有「相馬失之瘦，相士失之貧」的說法。其實，除了一些生長在富貴人家的人之外，有真才實學者，在他們未被發現或未成名之前，往往都處於社會的底層，甚至處於食不裹腹的貧困境地。

因此，貧困或低微不能說明人是否有才能。以出身來識人，有才也會被看成是無才。魏惠王就是那種憑出身看人識人的人，

所以就看不起公孫鞅，有大才也不知用，將他「輸送」到秦國，最終自食其果。

（三）不以相貌取才

詩人泰戈爾說：「你可以從外表美來評論一朵花或一隻蝴蝶，但不能這樣評論一個人。」

不能根據外表來評價人的品德，不能看相貌來估量人的能力，如不看本領只看長相，歷史上許多傑出人才就不可能建功立業，恐怕早已胎死腹中，例如張飛即是。以貌取人，沒有絲毫根據，只會埋沒人才。

主張不以貌取人，不以貌識人，不僅是因為以貌取人和以貌識人有百害而無一益，而且人的長相如何，跟他有無真才實學沒有必然的聯繫。有人相貌堂堂，腹中卻空空如也；有人長得醜陋，卻滿腹經綸。就用人之道而言，相貌堂堂而又滿腹才略者當然再好不過，然而，相貌醜陋才華橫溢者也與大局無礙。

如何選才是一門學問，除墨子強調的三點之外，以下幾點也是管理者必須注意的：

（四）不以個人好惡選才

以個人好惡為標準選擇人才，實際上是私心在作怪。合乎自己心意者就是人才，不合者就是庸才。武則天的夏官尚書武三思就說過：「凡與我為善者，即為善人；與我為惡者，即為惡人。」

一個管理者，是否堅持公道正派，是關係到人才命運的大問題。事實上，憑個人好惡選人用人的情況很多。有人喜歡聽奉承

話，把喜歡吹牛皮拍馬屁者當成人才；有人熱心於搞派系，對臭味相投的人備加青睞；有人看重個人恩怨，對自己有恩惠的，則想方設法加以提拔，即使有斑斑劣跡也替他塗脂抹粉。以上情況的存在，一方面使某些德才平庸、投機取巧的人，甚至有嚴重問題的人得到重用；另一方面又必然使一些德才兼備的人才被埋沒，甚至遭受不該有的打擊。

徹底丟棄以個人好惡選才的觀念，不拘一格選出真正的有才能的人，是一個管理者義不容辭的責任，也是事業取得成功的根本保證。

（五）不以年齡選才

年輕，未必不堪重任。魯肅投奔孫權時才二十歲，但能充分發揮才智，貢獻傑出。郭嘉二十七歲就被曹操拜為祭酒，追隨曹操十一年，屢立奇功。周瑜三十三歲掛帥，任人選才無不精通。

這些史實，都說明一個道理：只要有才智，年紀輕輕委以重任是完全可以的。

反觀現在有些管理者選拔人才縮手縮腳，不敢起用年輕人，總認為還稚嫩，缺乏經驗和閱歷，挑不起大梁，總是說：「再觀察觀察吧！」一擱就是幾年。殊不知，在激烈的市場競爭中，人才是等不起的，市場的競爭實質上是人才的爭奪。

（六）不以資歷選才

古人云：「資格為用人之害。」資格這把軟刀子，不知扼殺了古往今來多少有用之才。任人只看資歷，只看過去的業績，依仗特權論資排輩，在中國古代幾乎代代相傳。時至今日，許多企

業的管理者在選擇人才時，也不自覺地戴上了「有色眼鏡」，以資歷來評選人才，使企業的有識之士不被提拔、任用，這不能不說是這些企業管理者在選才的觀念上還帶有封建士大夫的色彩。

　　一個企業，用人唯資，就會僵化和凝固，就會失去朝氣蓬勃的生命力，從而停止前進的腳步。

智者慧語

　　「井底之蛙」選不出人才。選才不能犯「說你行，你就行，不行也行；說你不行，就不行，行也不行」的錯誤。不拘一格選人才，唯賢是舉，唯才是用，是每一個管理者所應該做到的。

　　墨子尚賢

　　子墨子言曰：「雖在農與工肆之人，有能則舉之。」即使是從事農業與手工業、經商的人，只要有能力就選拔他。

　　墨子生處春秋戰國之際，政權仍為貴族封建主要壟斷。墨子看到當時那些統治者，把政權交給一個家族，世代相傳，不管其有能還是無能，這是何等不公平、不合理的事，所以墨子提出「尚賢」的主張，呼籲不拘一格選人才。在生活中，他也常與一些有才能的人來往，不管其是農夫或是商人。

連結解讀

原文精華

　　古者聖王之為政，列德而尚賢。雖在農與工肆之人，有能則舉之。

　　　　　　　　　　　　　　　——《尚賢上第八》

今譯

古時的聖王治理國家，任賢崇德。即使是從事農業與手工業、經商的人，只要有能力就選拔他。

原文精華

古者聖王甚尊尚賢而任使能。不黨父兄，不偏貴富，不嬖顏色。

—— 《尚賢中第九》

今譯

古時的聖王特別尊崇賢人而任用有能力的人。不偏私父兄，不偏袒富貴之人，不寵愛美色。

雖在農與工肆之人，有能則舉之。

—— 墨子·《尚賢上》

墨子是學術界中起來反對舊社會政治，順應新時勢的第一人。他激烈地抨擊了為政的王公大人以「骨肉之親、無故富貴、面目美好者」作為用人的條件，使社會陷於「餓不得食、寒不得衣、亂不得治」的混亂局面。他主張兼愛，視人人平等，「不黨父兄，不偏貴富，不嬖顏色。」

▌六 如何解聘不稱職的員工

在激烈的競爭中，不可能總對那些不能完成工作任務的員工表示寬容。常常會出現這樣的情況：你的寬容往往導致企業更大的損失。此時唯一的方法是解聘他。

子墨子言曰：「有能則舉之，無能則下之。」

——語出《墨子·尚賢上》

《墨子·尚賢上》中有：「有能則舉之，無能則下之。」

意思是說，有能力的人就選拔他，沒有能力的人就罷免他。

企業用人也應該遵循「有能則舉之，無能則下之」的原則：「有能則舉之」，需要企業「不拘一格選人才」；「無能則下之」，需要企業解聘不稱職的員工。

其實，解聘不稱職的員工，並不像想像得那麼簡單。對於解聘，首先要明確一種概念：解聘是一種業務決定。因此執行解聘時，要遵循一定的流程，一旦決定，絕不更改。一般來說，員工被解聘主要基於以下原因：

（一）員工不再適合本職位的工作

由於外在環境或機構變更等因素，現有本職位的員工因為技能的原因，已經不再勝任當前工作，因此公司必須決定將其解聘，以便保證企業的投入有相應的產出。但是在做出決定前，企業要留給該名員工一定的時間和機會，讓該名員工有機會提升自己的工作技能。但是，如果其不能在有效的時間內將自己融入企業新的發展之中，就一定要將其解聘。

（二）員工的工作表現不佳

基於此種原由的解聘最為複雜，企業管理層一定要慎重考慮。員工表現不好的外在表象是業績不良。但是，經理人會有一

個很大的盲區：你看到的不一定是真實的，造成業績不良的影響因素很多，管理層一定要撇開其他的非員工個人的因素。

具體有三種考量因素可以作為標準：

企業是否為該名員工提供了相應的資源。

該員工所從事的工作是否過於特別，以至於要求該員工具有太多且太特殊的技能等才能勝任。

企業為該名員工所定下的業績目標是否清晰。

如果企業確定已經為該名員工提供了基於以上標準的工作條件之後，而該名員工的業績並沒有達到相應的回報標準的話，那麼公司就一定要做出解聘該名員工的決定。

解聘員工一定會給企業的運作帶來影響。管理層在執行解聘過程中，一般要注意三個方面的連帶因素：被解聘人、周圍的其他員工、執行經理人，力求減少解聘所帶來的不利影響。

（一）對於被解聘人

執行解聘時，要讓被解聘者明瞭解聘是企業做出的業務決定。一經決定，並無挽回的餘地，所以管理者無須向被解聘者解釋過多，以免出現不必要的事件影響企業運作。整個解聘過程力求簡單明瞭，不能拖拉。

（二）對於周圍的人

執行解聘一定會對被解聘者周圍的人產生影響。企業管理層要向這些員工簡單地說明解聘該名員工的正當理由。表明企業對

事不對人的立場，從而避免企業內部人心惶惶，影響企業整體的穩定性。

（三）執行經理人

執行解聘的經理人在解聘時受到的心理壓力最重。壓力主要來自兩個方面：工作風險損失和感情壓力。

解聘本身意味著企業人力資源的流失。因此，經理人在解聘時要充分考慮到解聘該名員工會給企業的業務造成何種影響，做好相關的充分準備，以便員工離職後留下的崗位職能能夠平穩過渡，降低由此所帶來的風險。

解聘的執行者一般是被解聘者的直屬上司。面對朝夕相處的下屬，執行經理人會承擔來自感情方面的壓力。經理人一定要調整自己的心態，以工作的心態面對解聘事件，舒緩自己的壓力。

智者慧語

執行解聘時，經理人要保證整個過程簡單明瞭，在這個過程中，絕對要避免討論、辯解或者判斷，軍令如山，不能回頭。在解聘中，其實不需要告訴對方為什麼要被解聘，因為沒有人能夠接受，從而引發不必要的爭執。一旦執行解聘，就必須讓被解聘者儘快離開，其目的主要是為了降低其對其他員工的影響。

連結解讀

原文精華

有能則舉之，無能則下之。

—— 《尚賢上第八》

今譯

有能力的人就選拔他，沒有能力的人就罷免他。

有能則舉之，無能則下之。

——墨子·《尚賢上》

墨子認為，統治階級與被統治階級之間的不合理劃分是可以改變的。無論是農人，還是手工業者、商人，只要有才德，便可以舉用他；在位的官員，如果沒有才能，也可以罷黜他。總之，想把國家治理好，第一要義便是使朝中庸人減少、賢人增多。

七 因事設職與因人設職

職位的設置本是為了分清職能，更好地發揮員工的效用，但如果職位設置不當，就等於好心卻辦了壞事，是搬起石頭砸自己的腳，不僅影響員工的工作效果，也影響組織的效果，替企業造成混亂。

子墨子言曰：「重予之爵，爵位不高則民弗敬。」

——語出《墨子·尚賢上》

《墨子·尚賢上》中有：

「有能則舉之。重予之爵，重予之祿，任之以事，斷予之令。」

意思是說，只要有能力就選拔他。給他高官，給他厚祿，給他事做，給他決斷的權力。

那為什麼要給他「爵」、「祿」、「令」呢？

墨子說：「爵位不高，民眾就不尊敬；俸祿不厚，民眾就不信服；政令不能決斷，民眾就不畏懼。拿這三件東西授予賢者，並不是為了賞賜賢人，而是想將事情辦成。」

其實，墨子所說的「爵」、「令」、「祿」，用當今通俗的語言講就是「職」、「權」、「利」三者。若要重用賢人，卻又不賜此三者，即使是再賢能的人也難以發揮作用。

「爵」，即「職」，職位。關於職位，企業的管理者應做到因事設職與因人設職相結合，這是企業組織或職位設立的一條重要原則。

在一些管理不善的企業裡，特別是那些愛吃「大鍋飯」的老企業老公司中，職位的設立常常都是考慮：「這個人放在哪個位子上？」有現成的職位就把這個人塞進去，沒有現成的就設立一個新職位給他。這些企業管理者的初衷也許是好的，他們想讓盡可能多的人都有工作做，或者說想讓每一個人都不會失業挨餓，以期「人人有事做」。事實卻總是相反，這樣做一方面會造成一個人的工作三個人做、人浮於事、低效率的工作局面，另一方面會造成大量的職位重複設置，很多人在重複著無關緊要甚至可有

可無的工作，增加企業經營成本。其中一些真正有能力的人會不滿於這種十足的平均主義而辭職跳槽，長此下去，剩下來的都是一些沒有什麼真本事也沒有什麼上進心的人在繼續著自以為公平、舒適的工作，而他們的生活卻日復一日沒有大的改觀。對於這樣的企業，別說不會發展，就是被競爭激烈的市場淘汰，也是可以預料的事。

企業設立職位首先應考慮「事事有人做」，而不是「人人有事做」，即要求因事設職。需要注意的是，這個「事」要求明確區分，但是不能認為任何事情甚至一些微不足道的小事情也設立職位，那樣也會形成事少人多的結果。在設立職位的時候，所有的「事」該細分的細分，該合併的合併，道理只有一個：一切從有利於企業經營出發。堅持因事設職原則，對企業招人、用人、考核人都有重要的參照價值，同時可以有效地提高員工的責任意識、競爭意識和服務意識。

與因事設職相配套的就是因人設職。因人設職原則不等於保證「人人有事做」，它所倡導的是區分不同的人設立不同的職位，其目的是在職位設立當中，在保證「事事有人做」的同時，還要保證「有能力的人有機會去做他真正勝任的工作」。把一個有知識有程度的員工安排到一個不需要多少知識多高程度的職位上，他會感到自己是「大材小用」、「屈尊就微」，進而不能安心工作，甚至另謀高就。對於企業的影響，一開始是浪費人才，後來就是人才流失了。「人事」二字，人與事是分不開的。有能力的人會做好事，也會做大事；要求高的工作必須安排能夠委以重任的人員，要求低一點的職位可以安排一般性的員工。這就要求在企業

組織或職位的設立過程中，必須堅持因事設職與因人設職相結合的原則。

智者慧語

「勝任」是用人的基本標準，這個標準把握不當，更多的失誤就在所難免。

當被任命的人在新的職位上工作了一段時間之後，管理者應將精力集中到職位的更高要求上。管理者有責任對他說：「你擔任這一職務已有三個月了。為了使自己在這一職位上取得成功，你必須做些什麼呢？好好考慮一下吧，一個星期後再來見我，並將你的計劃以書面形式交給我。」並指出他可能已做錯了什麼。

連結解讀

原文精華

有能則舉之。重予之爵，重予之祿，任之以事，斷予之令。爵位不高則民弗敬；蓄祿不厚則民不信；政令不斷則民不畏。舉三者授之賢者，非為賢賜也，欲其事之成。

——《尚賢上第八》

今譯

只要有能力就選拔他。給他高官，給他厚祿，給他事做，給他決斷的權令。爵位不高，民眾就不尊敬；俸祿不厚，民眾就不信服；政令不能決斷，民眾就不畏懼。拿這三件東西授予賢者，並不是為了賞賜賢人，而是想將事情辦成。

▌八 怎樣實現有效授權

責任和權力是一對不可分離的孿生兄弟，管理者要使下屬對工作負責，你就得給他以應有的權力，這不僅是對他人格的信任和尊重，更是他開展工作的主要條件。如果你做不到這一點，不給他以任何處事的權力和自由，對他所辦的事情總愛指手劃腳。你的下屬得不到你的信任，就會變得唯唯諾諾，缺乏工作的主動性和創造性。

子墨子言曰：「斷予之令，政令不斷則民不畏。」

——《墨子·尚賢上》

「令」，即「權」，權力。關於權力，企業管理者對下屬要實現有效授權。

什麼是授權？

所謂授權，就是透過別人來完成工作的一種管理方法。

為什麼要授權呢？

因為一個人無論多麼英雄，就算是三頭六臂，也只是一個人厲害。項羽厲害，渾身洋溢著一種濃厚的個人英雄主義色彩，可他卻敗在了劉邦手裡。所以，作為一個卓越的管理者，必須善於授權，讓整個團體厲害起來。

劉邦贏在何處呢？《史記·淮陰侯列傳》中寫道：

上問曰：「如我能將幾何？」

信曰：「陛下不過能將十萬。」

上曰：「於君如何？」

信曰：「臣多多而益善耳。」

上笑曰：「多多益善，何為為我禽？」

信曰：「陛下不能將兵，而善將將，此乃信之所以為陛下禽也。」

劉邦能贏得天下，全在「將將」二字。「將將」二字，就是知人善任的意思。知人是善任的前提，善任是知人的目的。作為管理者，不僅要有知人之明，還得有善任之能。而所謂善任，其實就是授權的藝術。

企業管理者之所以難以實現有效授權，最大的障礙乃在於管理者自身。其障礙大致有以下幾點：

（一）不信任員工

作為一位管理者，很多時候你會裝出一副很信任部屬的樣子。然而，很多事實證明你放心不下。在具體的工作中，你沒法不去過問你的部屬是如何展開工作的，甚至把一些關鍵的環節留給自己親自操作。你在自己的心裡打了個很大的問號，你的部屬會像你一樣盡職盡責嗎？

也許，你的擔心是有原因的，有些員工的工作績效總是不能做得像預期得那樣好。然而，一味地批評抱怨又有什麼用呢？如果你懷疑員工的人品，你應該問問自己，是不是因為你沒有透過信任來激勵他們；如果你懷疑員工的工作能力，你應該也問問自己，有沒有對他們進行必要的培訓或給他們鍛鍊的機會？總而言

之，你應該反覆尋找失利的原因，然後和大家一起探索提升業績的辦法。事實就是這樣簡單，透過你的信任、鼓勵和培養，你的部屬終將會成長為一個真正值得你依賴的人。

（二）害怕失去對任務的控制

很多管理者之所以對授權特別敏感，是因為害怕失去對任務的控制。一旦失控，後果很可能就無法預料了。問題是：難道你非得把任務控制在自己手中嗎？可不可以透過合適的手段避免任務失控呢？

只要你能夠保持溝通與協調的順暢，採用類似「關鍵會議制度」、「書面彙報制度」、「管理者述職」等手段，強化資訊流通的效率與效果，任務在完成的過程中，失控的可能性其實是很小的。同時，在安排任務的時候，你應該盡可能地把問題、目標、資源等，向部屬交代清楚，也有助於避免任務失控。

另外，管理者和員工也很容易在解決問題的方法上產生分歧。由於你相信自己的經驗，你甚至會強迫部屬執行你的意見，致使部屬不願意對任務負責。其實條條大路通羅馬，問題的關鍵不是方法，而是結果。一些具體的處理細節，你完全可以授權給自己的部屬來全權處理。也許，在此過程中，你的下屬能夠創造出比你的經驗更科學、更出色的解決辦法呢！

（三）過高強調自己在組織中的重要性

由於你很能幹，在很多時候你會產生「什麼事情少了我不行」的錯覺。是的，也許你能夠成功地完成許多任務，但你得像孫悟空一樣分身有術才行。

其實，你的下屬就是你手裡擁有的最大的財富，他們幫你把產品賣掉，幫你和經銷商討價還價，幫你與消費者溝通……在具體的業務內容和常規工作程序方面，他們當中的一些人甚至具有比你還要豐富的經驗，這麼好的資源，你為什麼不去好好利用呢？

（四）以為自己可能做得比別人好

有些管理者寧可自己做得那麼辛苦，也不願意把工作留給部下。為什麼呢？他們認為，教會部下怎麼做，得花上好幾個小時；自己做的話，不到半小時就做好了——有閒工夫教他們，還不如自己做更爽快些。

問題是：難道你就這樣一直把所有的事情都自己做嗎？儘管由你自己親自動手可以做得比別人好，但是你如果能夠教會你的員工，你會發現，其實別人也可以做得和你一樣好，甚至更好。也許今天你要耽誤幾個小時來教他們做事，但以後他們會為你節省幾十、幾百個小時，讓你有空做更多的更深入的思考，以促成你在事業上的更大發展。

（五）害怕削弱自己在組織中的地位

這是許多管理者非常害怕的一件事情：如果把自己的權力授予別人的話，會不會因此影響自己對於組織的重要性，從而削弱自己在組織中的地位呢？

答案顯然是否定的。如果你能夠讓你的部下更加積極、主動地處理問題，你就能充分發揮團隊的力量，將任務完成得更多、更快、更好，從而使自己的地位有機會得到進一步的鞏固或提升。

你將得到一個更有效率的工作團隊，並且能夠把精力集中在那些值得你全心投入的事情上。

（六）喜歡與部下爭功

作為一名管理者，你在很多時候需要扮演「幕後支持者和策劃者」的角色，你將很少有機會像從前一樣，站在櫃檯接受觀眾的歡呼，你只能獨自忍受幕後的寂寞。可是你想過沒有，正是因為你能夠忍受寂寞，才有了部屬的光輝業績。

有一位業務員，非常能幹，推銷能力很強，曾經在企業連續四年被評為「金牌銷售員」。後來，他當了區域銷售經理，走上了管理職位。很快，他與部屬之間的衝突也隨之而起。為了蟬聯「金牌銷售員」的榮譽稱號，他不僅無法積極地向部屬提供幫助，反而搶他們的單。於是，他的員工們只好紛紛離開了他，另尋出路。喜歡與部下爭功的管理者，等待他的將是眾叛親離的悲慘結局。

（七）認為授權會降低靈活性

對於一件事而言，事必躬親確實有利於掌握處理問題的靈活性。可是，對於日理萬機的總經理而言，畢竟不可能在同一時間做好幾件事情。如果強迫自己面面俱到，就勉為其難了。

然而，透過授權把具體的工作分派出去，讓自己從一個更高的層面來統帥全局，思路往往會更加靈活，同時也有更多的時間和精力來處理那些棘手的問題和突發性的事件。

（八）害怕影響員工的正常工作

也許你會認為，員工們連現有的工作都做不好，怎麼可能承擔更大的責任呢？乍聽起來，你似乎是位體恤下情的好主管，但不會有人感激你。俗話說：「強將手下無弱兵。」如果你的員工在工作能力上乏善可陳，問題很可能就出在你的身上。

在自然界，老鷹會把自己的孩子逼向懸崖，以迫使膽怯的雛鷹學會飛行。你也應該問問自己，是不是由於你的這種「體恤」，讓企業養了一群永遠也張不開翅膀的雛鷹？

很多優秀員工的流失不是因為你的「體恤」，而是因為沒有足夠的施展才能的機會。他們不希望自己變成對工作滿不在乎的懶人。他們和你一樣，渴望接受挑戰、面對挑戰、戰勝挑戰、獲得成功。但是，如果你不授權的話，他們怎麼有機會實現理想呢？

（九）他們不了解企業的發展規劃

他們為什麼不了解企業的發展規劃呢？因為你沒有告訴他們，更談不上去贏得他們的深刻認同。

有一些管理者，出於某種可笑的目的，故意把資訊管理搞得神神祕祕，以致無法在企業內實現正常的資訊傳遞與分享，甚至連一些重要的資訊都不告訴自己的員工。也許，他覺得，只有這樣才能樹立管理者的權威，牽著員工們的鼻子走。事實上，這些資訊對於員工們順利開展工作十分重要，所以，他的目的往往能夠得逞。

但是，如果你的員工無法分享企業的發展規劃，他們怎麼會關心企業的未來呢？企業的發展遠景有賴於所有人的努力，特別

是那些在其工作領域內堪稱專家的員工，更是能為企業實現遠景目標鋪就道路。你怎麼能夠把他們和企業的遠景規劃分開呢？

總之，面對市場競爭的日益激烈，面對企業規模的日益壯大，面對管理活動的日益繁雜，企業管理者一定要學會授權，只有這樣，管理者才能避免瑣事纏身，並且可以透過創建一支高績效的團隊，及時有效地完成企業的生產經營任務。

智者慧語

當企業發展到一定階段，隨著企業事務的日益增多，管理者已經對每件事情無法親歷親為，這就需要授權。授權也是管理最核心的問題，因為管理的實質就是透過他人去完成任務。授權意味著管理者可以從繁雜的事務中解脫出來，將精力集中在管理決策、經營發展等重大問題上來。

當然，如果只授權而不監督，後果就會四分五裂；如果不授權只監督，局面則會是一潭死水。所以，在管理中必須遵循授權加監督的原則。

連結解讀

原文精華

斷予之令，政令不斷則民不畏。

—— 《尚賢上第八》

今譯

給他決斷的權力，政令不能決斷，民眾就不畏懼。

重予之爵，重予之祿，任之以事，斷予之令。

——墨子·《尚賢上》

這是墨子任賢的「三本」：第一，要給他高的爵位；第二，要給他豐厚的俸祿；第三，要給他實際的職務和決事的權力。拿這三件東西給予賢人，並不是單為他個人的好處打算。更重要的是，為了能發揮他們為國謀事的效果。

九 激勵不能靠錢買

企業管理者只知用金錢激勵員工，時間一長，情況就會越演越烈，如果沒有高額的獎勵，誰也不願意去工作。可是，如果沒有人努力工作，企業就不會有效益，倒閉將是必然的結果。

子墨子言曰：「重予之祿，蓄祿不厚則民不信。」

——《墨子·尚賢上》

「祿」，即「利」，利益。關於利益，企業的管理者應該注意「激勵不能靠錢買」。

早在三十多年前，赫茲堡就在《再談激勵員工》一文中對金錢和激勵之間的關係提出了疑問。他指出，與工作滿意相對的不是不滿意，而是缺少滿意感。同樣，他提出，不滿意的反面也不是滿意，而是缺乏使員工產生抱怨的因素。他把體現在薪酬上的

錢歸為後一類。也就是說，公司付給員工的錢只是為了讓他們不要缺乏動力。

管理顧問科恩在《獎勵是懲罰》一書中強烈反對利用金錢激勵員工。他指出，用金錢誘使員工提高業績，純屬浪費且不利於提高生產率，不能運用在致力於提供優質產品或服務的企業中。「錢最多能避免一些問題的出現，」科恩說，「但這並不意味著，我們應該不惜時間和資源去買高品質或用錢鼓勵個人努力工作。」

但是，金錢發揮不了激勵作用，這種觀念在現實中，需要辯證對待。「說來說去，如果我把你的工資減半，你肯定怒火萬丈，」科恩說，「但是，即使給你工資加倍，你也不會一下變得更稱職、更勤奮或更有可能做好工作。」

了解企業內各種激勵因素的作用。任何激勵都包含了三個因素：貨幣價值、表彰價值（對員工業績表示認可的獎勵因素）以及激勵價值（促使員工想再做一次的獎勵因素）。大多數企業過分重視第一個因素，而忽視了另外兩個更為重要的因素。

錢成為一種避免利用其他激勵因素的逃避方式。誰都能隨口說出「多做點，我會多付你錢」這樣的話。一點不費勁，不需要動腦子，無須什麼技巧和勇氣。

也許，可以把錢形象化地比作航空煤油。這種油料危險、易爆、能量大，但把它灌入設計精良的飛機後就不一樣了。同理，如果把錢用在一個精心設計、經營有方的企業裡，也許能使企業

飛速發展。但是，如同油箱處理不當會立即爆炸一樣，只想用錢激勵員工，也會使公司的好夢瞬間化為烏有。

那麼，不用錢激勵員工，那用什麼呢？答案是，挖掘員工的內在動力，對每個個人、每個員工而言，成就才是他們最需要的。能夠激起員工內在動力的因素有：讓員工在自己的工作中有發言權，讓員工意識到自己的作用，更重要的是讓員工把工作當做自己的事業。

著名管理顧問尼爾森認為，未來企業經營的重要趨勢之一，是管理者不能再如過去一樣扮演權威角色，而是設法以更有效的方法，間接引爆員工潛力，這樣才能創造企業最高效益。

未來管理者最重要的不只是與員工每天的工作有所互動，而是可以做到在不花費任何成本的情況下，去激勵、引爆員工潛力，以下便是六個不需要任何花費的方法。

（一）讓每個人至少對其工作的一部分有高度興趣

對員工而言，有些工作真的很無聊，管理者可以在這些工作中，加入一些可以激勵員工工作的東西。此外，讓員工離開固定的工作一陣子，也許會提高其創造力與生產力。

（二）讓資訊、溝通及回饋暢通無阻

員工總是渴望了解如何從事他們的工作及公司營運狀況。管理者可以告訴員工公司利益來源及支出動向，確保公司提供許多溝通管道讓員工得到資訊，並鼓勵員工問問題及分享資訊。

（三）參與決策及歸屬感

讓員工參與對他們有利害關係事情的決策，這種做法表示對他們的尊重及處理事情的務實態度。當事人（員工）往往最了解問題的狀況，如何改進的方式，以及顧客心中的想法。當員工有參與感時，對工作的責任感便會增加，能比較輕易地接受新的方式及改變。同時，強調公司願意長期聘用員工。應向員工表明工作保障問題最終取決於他們自己，但公司會盡力保證長期聘用以培養員工的歸屬感。

（四）獨立、自主及有彈性

大部分的員工，尤其是有經驗及工作業績傑出的員工，非常重視有私人的工作空間，所有員工都希望在工作上有彈性，如果能提供這些條件給員工，會相對增加員工達到工作目標的可能性，同時也會為工作注入新的理念及活力。

（五）真正做到以工作業績為標準提拔員工

憑資歷提拔員工的公司太多了。這種方法不但不能鼓勵員工爭相創造優秀業績，還會養成他們坐等觀望的態度。公司應該制定一整套從內部提拔員工的標準。

（六）增加學習、成長及負責的機會

管理者對員工的工作表現給予肯定，每個員工都會心存感激。大部分員工的成長來自工作上的發展，工作也會為員工帶來新的學習，以及吸收新技巧的機會，對多數員工來說，得到新的機會來表現、學習與成長，是上司最好的激勵方式。

總之，為順應未來發展趨勢，企業經營者應立即根據企業自身的條件、目標與需求，發展出一套低成本的肯定員工計劃。需要明白的是，員工在完成一項傑出的工作後，最需要的往往是來自上司的感激，而不只是調薪。

智者慧語

策劃員工之間的競爭也是較好的激勵員工的方法。競爭會使員工一個比一個敬業，競爭的效應就會如同多米諾骨牌一樣精彩不斷。每一位員工都是一張多米諾骨牌，你得把他們擺放好位置。然後，你需要一位員工做榜樣，而榜樣的作用是無窮的。

連結解讀

原文精華

重予之祿，蓄祿不厚則民不信。

——《尚賢上第八》

今譯

給他厚祿，俸祿不厚，民眾就不信服。

▌十 從實踐中觀察鑑別人才

真正的人才不在「紙上談兵」，而關鍵要看的是人才的實幹能力。企業需要的是實幹家而非空談家。空談何用？如果說空談的用處，詼諧一點就是空談可以誤事、可以亡國。

子墨子言曰：「聖人聽其言，跡其行，察其能而慎予官，此謂事能。」

——語出《墨子·尚賢中》

墨子對起用賢人還提出了任前試用、任上監督、任後評論制。

墨子強調「聽其言，跡其行，察其能」，這些都是「慎予官」的體現，其實就是任前的考察與試用。企業用人也需要如此。

企業用人不能只是簡單的面試，否則，很容易得到「紙上談兵」的「人才」。須知企業需要的是實幹家而非空談家。

那怎樣判斷一個人是空談家還是實幹家呢？方法是讓他去做實事。用一句很簡單的英國諺語即可道明實幹與空談的差別：「Actions speak louder than words」，這可以說「事實勝於雄辯」，但我認為說「行動比語言更重要」更為恰當。

「路遙知馬力，日久見人心」，領導者往往很難一時察覺一個人是否有才，但直覺上又不忍放棄選才的機會，於是不得不抱著一種試試看的心理，興許試用之後賢庸自明。但試用是要擔風險的，萬一試用不成，不僅沒有覓到自己需要的人才，反倒把自己的秩序給打亂了。聰明的領導者便頓生一計，讓人到基層去辦事，透過對其「政績」的考察來發現人才從而給予升遷。這確實是一種好方法。現代的多數企業或事業單位應徵人才大都有一個試用期，試用期滿，領導者就會對員工的成績做一個評價，能夠留下來的當然是為領導者所滿意的被認為是人才的員工，有時領導者還會從其中的特別優秀者中選出一部分委以重任。這便是領導者「以政試之、察其真才」的做法。

《周書·蘇彈傳》對以政試之有一個簡易的說明：「彼賢士大夫之未用也，混於凡品，竟何以異？要任之以事業，責之以成務，方與彼庸流較然不同。」它告訴我們讓賢能的人去做一定的事，他們的才能就能顯現出來。

三國時，「臥龍」與「鳳雛」兩相齊名，但最初「鳳雛」龐統沒有得到重用，於是他帶著魯肅和諸葛亮的推薦信去見劉備，但去後並沒有把推薦信拿出來。劉備不了解龐統的才能，就把他派到耒陽當縣宰，但他到任後不理政事，終日以酒作樂。有人將情況報告劉備後，劉備就派張飛去察看。張飛去後，果如所言，就責備龐統說：「你終日在醉鄉，怎麼會不耽誤事呢？」龐統便讓下面的人把所積公務都拿來，不到半日，便批斷完畢，而且曲直公明，毫無差錯。張飛大驚，回去向劉備具說龐統之才。這時龐統才將推薦信交上。信中魯肅稱龐統不是個只能管理小縣的人才，建議劉備重用。諸葛亮這時回來也稱龐統是「大賢處小任，以酒糊塗。」劉備這才認知到龐統是有傑出才能的人，便委以重任，作為諸葛亮的副手，共同參與軍機大事。

劉備任用龐統，察其才能，再加上魯肅、諸葛亮兩位的推薦，終於找到了自己日日思念的賢人。

現實中，委之政事來察其真才實學為多數領導者所青睞。這裡有一個典型的例子。

在一次徵才大會上，一位應徵者稱自己有足夠的「能耐」，更重要的是還做過學生會幹部，有一定的工作經驗和管理能力，說得天花亂墜，把該用來形容自己優點的詞幾乎都用上了。他以為這是外商企業，老闆一定會喜歡這種大膽且敢於自我推銷的員

工，但徵才的老闆並沒有被他的話所迷惑，先是把他派到一個小工廠管理生產，試用期三個月。結果試用期滿，這位應徵者把那個工廠弄得一塌糊塗，不得不灰頭土臉地逃之夭夭。這位領導者是聰明的，他知道現實中許多人喜好說大話，吹捧自己，但一到實幹的時候就露餡了，因此他就安排一個棋局讓你去走一著，能與不能自然就反映出來。

真金不怕火煉，真才更不怕檢驗。如果是人才，在領導者委以的重任中，發揮自己的才幹，從而為人所識；而在領導者方面透過讓下屬辦事，從而知曉下屬才能的大小，進而判斷讓他們負責做什麼事。委以責任，既是領導者識人藝術的體現，也是領導者識人用人的關鍵。要不為市場上種種的人才所蒙蔽，領導者何不試試「委以責任」這一「殺手鐧」呢？

智者慧語

要知馬是不是千里馬，牽出去跑幾圈便知；要知人的能力如何，就讓他去做實事。當然，領導者沒有必要讓所有人都去做類似的事情，而是在較為器重的人當中讓他們去做特定的事情，看他們處事的技巧，從而判斷其是大才還是小才或是庸才。

墨子考察弟子

子墨子言曰：「聖人聽其言，跡其行，察其能而慎予官，此謂事能。」聖人聽賢人們的言論，考察他們的行為，觀察他們辦事的能力而謹慎地授予官職，這就叫做事能。

孔子也說：「不患人之不己知，患其不能也。」不怕別人不了解自己，只怕自己沒有能力。「紙上談兵」充其量是會說而已，

真正實踐起來就會暴露本來面目。人要想有所作為，須有真才實學才行。

連結解讀

原文精華

聖人聽其言，跡其行，察其能而慎予官，此謂事能。

——《尚賢中第九》

今譯

聖人聽賢人們的言論，考核他們的行為，觀察他們辦事的能力而謹慎地授予官職，這就叫做事能。

聽其言，跡其行，察其能。

——墨子·《尚賢中》

古人云：「以言取人，人飾其言；以行取人，人竭其行。」要去評價、認識一個人應該重在行動，而不要被他表面的誇誇其談所迷惑。要科學、正確地認識人，就必須從整體上全面地識人，從他平時的語言、行動等方方面面，進行仔細的了解和觀察。

十一 對下屬適時監督

監督的目的就是要對下屬予以合理的管理：使下屬初犯錯誤之時就及時加以糾正，而不致鑄成大錯；使下屬做好自己的本職工作，而不致厭倦懈怠。

子墨子言曰：「不肖者抑而廢之，貧而賤之，以為徒役。」

——語出《墨子·尚賢中》

墨子認為，起用賢人應該任上監督。

《親士》篇云：「君必有弗弗之臣，上必有之下。」

君主身邊必須有敢於矯正君主過失的大臣，上級身邊必須有敢於直言論爭的部下。

《尚同上》篇云：「聞善而不善，皆以告其上。……上有過弗則規諫之，下有善則傍薦之。」

聽到好的與不好的，都要報告上級。上級有過失就要規勸他，下級有善人善行就要訪求並推薦他。

如果任上不得力，或管理出現嚴重失誤，就應當「抑而廢之，貧而賤之，以為徒役」。其實，這是一種嚴格的任上監督制度。

用人時講「充分授權」，而現在又講加以監督，似乎是對前面用人原則的一大諷刺。但是，對下屬進行適時的監督也是非常必要的。

對下屬的監督並非是出於對下屬的不信任，這首先是一個團體健康發展的機制保障；其次也是對下屬的一種保護，透過監督使他們少犯錯誤，從而不致在犯嚴重錯誤之後追悔莫及。

對於有心放手讓員工一搏的企業領導人來說，摩托羅拉 CEO 高爾文所付出的代價，應該引以為鑑。

高爾文是摩托羅拉創辦人的孫子，是許多人公認的好人，個性溫和，為人寬厚。一九九七年，他接任 CEO 時，就認為應該完全放手，讓高層主管自由發揮。

然而自二○○○年以來，摩托羅拉的市場占有率、股票市值、公司獲利能力連連下跌。它原是手機的龍頭，市場占有率卻只剩下一三％，勁敵 Nokia 的市場占有率卻高達三五％；股票市值過去一年來縮水七二％；二○○一年第一季，摩托羅拉更創下十五年來第一次的虧損記錄。

美國商業周刊給高爾文打分數，除了遠見分數為 B 之外，他的管理、產品、創新都得了 C，對股東貢獻的分數更是 D。

拖延決策，不肯解決問題，是高爾文最大的弱點。有一次，行銷主管福洛斯特向高爾文建議，換掉表現不好的廣告代理商麥肯廣告。但由於麥肯負責人是高爾文的好朋友，高爾文遲疑很久，表示應該再給對方一次機會。結果麥肯後來持續表現不佳，最後高爾文才同意撤換，但時間已拖了一年。

高爾文優柔寡斷的作風，在摩托羅拉失敗的衛星通訊銥計劃上，最為突顯。銥計劃一年虧損兩億美元，但高爾文卻遲遲沒有叫停。

除此之外，高爾文放手太過，沒有掌握公司真正的經營狀況。他一個月才和高層主管開一次會，在寫給員工的電子郵件中，談的盡是如何平衡工作和生活。

就算他知道情況不對，也不願干涉太多，以免部屬難堪。當時，摩托羅拉準備推出一款叫「鯊魚」的手機。在討論到進軍歐

洲的計劃時，高爾文知道歐洲人喜歡輕巧、簡單的機型，而「鯊魚」價格和對手一樣，卻更為厚重。會議中，高爾文問：「市場資料真的支持這個決定嗎？」行銷主管回答：「是。」高爾文沒有進一步討論，就讓經理人推出這款手機，結果在歐洲市場大敗。

在瞬息萬變的科技市場，公司犯下一個錯誤，就會讓競爭者如鯊魚聞到血腥一樣，立刻聚攏過來。摩托羅拉的市場占有率也就一路下跌。

高爾文的放手哲學也許是對的，但問題出在他對公司真正的狀況並不了解。摩托羅拉曾經公開宣布，要在二○○○年賣出一億部手機，卻沒有達到目標。然而，內部員工幾個月前就知道目標無法達成，只有高爾文弄不清楚狀況。

他雖然放手，但是其組織沒有活力，卻變成一個龐大的官僚體系。摩托羅拉原有六個事業單位，由各經理人負責盈虧。由於科技聚合，每個產品界限已分不清楚，於是摩托羅拉進行改組，將所有事業結合在一個大傘下。結果是，整個組織增加了層級，反而變成一個金字塔。一直到二○○一年年初，高爾文意識到問題嚴重，摩托羅拉的光輝可能就要斷送在他的手上。他開除了營運長，進行組織重整，讓六個事業部直接向他報告。他開始每週和高層主管開會。高爾文改變自己「好人、放手」的作風，企圖力挽狂瀾。

毫無疑問，墨子是明智的。不去打擾拚命工作的部下，這並不是說，不注意他們所忽略的地方。做為一名管理者，既要充分授權，又要隨時聽取報告，給予適當指導。

智者慧語

授權並不等於放任，授權之後必須有適時的監督。監督的程度取決於任務的情況、有多少人承擔任務以及環境的需求。一旦發現需要對下屬進行必要的干涉，千萬不能猶豫。

連結解讀

原文精華

賢者舉而上之，富而貴之，以為官長；不肖者抑而廢之，貧而賤之，以為徒役。

——《尚賢中第九》

今譯

將賢能之人選拔出來並使其處於高位，使他富裕並且高貴，令他做官長，無德才之人就貶抑、廢黜他，使他貧困並且低賤，讓他做僕役。

▋十二 人才考核與評價

考評是企業人力資源管理的一項重要內容，它就如「指南針」指導著企業的人事決策。一旦「指南針」出現偏差，就會使企業人力資源管理發生決策錯誤。

子墨子言曰：「萬民從而非之曰『暴王』，至今不已。」

——語出《墨子·尚賢中》

《墨子·尚賢中》篇有：

「若昔者三代聖王堯、舜、禹、湯、文、武者是也。……萬民從而譽之曰『聖王』，至今不已。……若昔者三代暴王桀、紂、幽、厲者是也。……萬民從而非之曰『暴王』，至今不已。」同樣是君王，卻得到了「聖王」與「暴王」的不同評價，這是由他們治國的政績所決定的。墨子所說的，其實就是任後評論制。

任後評論制也適合於企業，而且是企業人力資源管理的一項重要內容。企業透過考核與評價，可以全面、完整、深入地了解員工品行的優劣、才能的高低、工作表現的好壞，有利於企業人事工作的改進，實現企業人才的最優配置和工作的最佳安排。

考評是公司人事管理的一項基礎性工作。它具有以下重要作用：

（一）考評是人事管理的重要環節

透過員工考評，可以使領導者完全了解員工的才能和品行，從而能做更理想的工作安排；也可以使領導者在執行人事上的獎懲、升降、調動以及解僱時，有一個客觀的評斷標準和科學的依據。就員工來說，考評既是對優秀勤勉員工的一種才能和績效的認定，也是對懶散懈怠員工的一種正式警告，有正反兩方面的激勵效果。由此可見，員工考評是公司人事管理中極為重要的一環。

（二）員工考評是發現、選拔優秀人才和開發人才的重要手段

有了健全的、科學的員工考評制度，對每個員工定期或不定期進行考核、評價，就可以發現優秀人才。

選拔人才的關鍵，在於正確識別人才，科學的員工考評能夠準確識別人員的特長和優點，進而為選擇人才提供可靠的依據。同時，公開的考評制度為那些有抱負、有才華、肯鑽研的員工創造了理想的競爭環境，使他們能自強不息、勤奮工作、取長補短，努力成為公司迫切需要的棟梁之材。

（三）考評可以激勵員工努力進取，形成良好的組織氣氛

不斷完善和加強員工考評，並根據考評結果對員工進行必要的獎懲、升級、降職、任免、調動，就能夠促進員工兢兢業業，努力上進，力爭上游，充分發揮各自的專長和才智。從而形成你追我趕、生氣勃勃的組織氣氛，導致工作效率和公司整體效益的提高。

（四）員工考評是有效培訓員工的前提

員工培訓的目的是有重點、有針對性地提高有關人員的知識水準和強化他們某些方面的能力。而透過員工考評，就可以及時發掘和準確掌握員工在工作上的缺點和知識、能力或特性上的欠缺，從而為合理選擇培訓方式、培訓時間、培訓內容，有效地培訓員工提供科學的依據和前提。

總之，考評的目的是為了促進工作效率，故不僅可將員工的考評成績作為獎懲、升遷、降職、調職、晉級、加薪、撤免等人事處理的依據，而且可以激發員工的工作熱情，改善員工本身的工作，充實機構組織，充分發揮員工潛能，使其有努力的目標與方向。因此，員工考評具有深遠的意義和極其重要的作用。

確定員工考評的標準和內容，是整個考評過程中的關鍵步驟。

員工所處職位和職務不同，考評的標準與內容也就不同。但一般來說，都是以被考評員工的工作內容作為考評的主要項目。它主要包括：

（一）該職務的工作目標

（二）該職務的工作責任

（三）擔任該職務所必備的知識

（四）擔任該職務的必要經驗

（五）擔任該職務的各項能力要求

員工考評的內容很多，但概括起來，考評可分為兩大項：

（一）素質考評，即對某項職務的承擔者是否具備職務要求的資格條件，以及在工作實踐中表現如何實施考評。

（二）業績考評，就是對職務承擔者在工作實踐中所取得的成績和效益實施的考評。

具體地說，對一般員工主要從以下方面實施考評：

（一）職業道德，主要指個人思想品質、工作態度、責任感等。

（二）知識程度，一般指學歷程度、業務知識程度等。

（三）技術水準，主要指業務熟練程度、實際操作水準等。

（四）實際經驗水準，主要指工作時間、工作閱歷、工作熟練程度等。

（五）工作成果，一般包括工作品質、工作效率等。

而對公司管理人員的考評則主要從下列方面進行：

（一）道德品質，主要包括道德修養、個人品行、工作作風、思維想法、責任感等。

（二）學識水平，主要是指教育程度、理論修養、專業知識和工作經驗等。

（三）實際工作能力，一般是指觀察想像力、判斷分析力、組織能力、管理能力、領導能力、表達能力、專業能力和公關能力等。

（四）個性，主要包括創造性、主動性、積極性、協調性、果斷性、敏感性等。

（五）成果績效，一般是指工作效率、工作品質、經濟成果、技術成果、管理成果、群眾威信等。

應該指出的是，上述這些方面不是相互割裂、相互獨立的，而是相互聯繫、相互制約的統一體。只有對他們全面衡量、綜合考評，才能對公司員工做出系統、公正、公平和準確的考核與評價。

智者慧語

考評是企業人事決策的重要參考指標，同時也是鼓勵員工力求上佳表現的較好途徑。因此，考評講究公正、客觀就顯得尤為重要。考評最終的目的，是使員工了解自己工作的情況和企業的期望，所以，還必須將考評結果及時回饋。

連結解讀

原文精華

然則富貴為賢以得其賞者誰也？曰：若昔者三代聖王堯、舜、禹、湯、文、武者是也。所以得其賞何也？曰：其為政乎天下也，兼而愛之，從而利之，又率天下之萬民以尚尊天事鬼，愛利萬民。是故天鬼賞之，立為天子，以為民父母。萬民從而譽之曰「聖王」，至今不已。則此富貴為賢以得其賞者也。

然則富貴為暴以得其罰者誰也？曰：若昔者三代暴王桀、紂、幽、厲者是也。何以知其然也？曰：其為政乎天下也，兼而憎之，從而賤之，又率天下之民以詬天侮鬼，賊傲萬民。是故天鬼罰之，使身死而為刑戮，子孫離散，室家喪滅，絕無後嗣。萬民從而非之曰「暴王」，至今不已。則此富貴為暴而以得其罰者也。

—— 《尚賢中第九》

今譯

既然如此，那麼富貴且行仁政，又有哪些人得到了賞賜呢？答道：像從前的三代聖王堯、舜、禹、湯、文、武等就是。他們為什麼會得到賞賜呢？答道：他們治理天下，相愛互利，又率領

天下的萬民崇尚尊崇天意，侍奉鬼神，愛護並為萬民謀利。所以天、鬼賞賜他們，立他們為天子，使他們做人民的父母。萬民跟從並讚譽他們為「聖王」，至今不止。這就是富貴且行仁政的人而得到賞賜的。

那麼，因富貴行暴而得到懲罰的人有哪些呢？答道：像從前的三代暴君夏桀、商紂、周幽王、周厲王就是。怎麼知道是這樣呢？答道：他們治理天下，互相憎恨，互相殘害，又率領天下的百姓詛咒上天，侮辱鬼神，殘殺萬民。因此，天鬼懲罰他們，使他們身死而遭刑戮，子孫離散，家室毀滅，斷絕後代。萬民跟從著咒罵他們為「暴王」，至今不止。這就是富貴行暴而得到懲罰的。

十三 用人不避親仇

識人用人必須至公，而不為私利所感，不為個人感情所欺，不為外部壓力所屈。要做到至公，除了領導者本身要具有以公為上的高尚品質之外，還要跟自己的喜愛憎惡進行抗爭，做到唯才是舉、不避親仇。

子墨子言曰：「舉公義，辟私怨。」

——語出《墨子·尚賢上》

《墨子·尚賢上》中有：「有能則舉之，無能則下之。舉公義，辟私怨，此若言之謂也。」

　　意思是說，有能力就選拔他，沒有能力就罷免他。推舉公義，迴避私怨，說的就是這個意思。「舉公義，辟私怨」，要求企業的領導者識人用人時要做到至公，唯才是舉，不避親仇。

　　古人云：「內舉不避親，外舉不避仇。」即識人用人，不管是自己的親人還是自己的仇人，只要是人才就要努力去識、去用。

　　確實，要做到這兩個方面很是不易，對仇人，人們往往是欲除之而後快，又何談去選用他呢？對親人，畢竟「血濃於水」，能幫一把是一把，有機會當然是「近水樓台先得月」。如果真是這樣，或許有點符合人性，人嘛，總是有點自私的。但反其道而行之呢，這不正說明了人格的高尚？擇人任人主要是看其才能，這才是最關鍵的。

　　儘管親人也可以任用，但最好對親人更加嚴格一些，這樣才能服人，不然就會由於親人的原因而落得一個任人唯親的罵名。

　　一九一二年元旦，孫中山的大哥孫眉出任廣東都督。而且孫眉本人也極其支持革命，數次捐巨款支持起義，為革命事業立下了汗馬功勞，出任此職本無可厚非。但孫中山得知後，馬上致書廣東各團體予以勸阻，又致函其兄：「粵中有人議舉兄為都督，弟以為政治非兄所熟習，兄質直過人，一入政界，將有相欺以其方者……」最後孫眉聽從勸告而沒有出任廣東都督。可見孫中山不任人唯親，在選擇人才上以能力為準，對親友甚至更加嚴格要求。

　　對親人、親友的選任難以做好，對「仇人」的選任同樣不易。首先，這需要領導者有大肚能容之量，不計前嫌，一心為公；其

次，還要處理好與舊部屬的關係，小心被舊部屬認為自己喜新厭舊。

春秋霸主齊桓公不計前仇而重用管仲，成就了一番春秋霸業。起初由於襄公亂政，公子小白和公子糾逃到國外，分別由鮑叔牙和管仲輔佐。襄公被殺，兩位公子所逃至的莒魯兩國分別派兵護送小白、公子糾回國爭繼位。管仲率兵埋伏於小白從莒國回來的途中，見小白到，張弓射之，小白倒地；管仲以為小白被射死，便派人急報公子糾，叫護送公子糾的魯兵不必急於趕路，六日後才到齊。這時，先到的小白已被立為齊君，是為齊桓公。原來，管仲只射中小白束腰皮帶上的金屬鉤，小白伴死倒地，等管仲率兵撤走，便迅速兼程返齊，故提前得立。

事後，齊桓公欲殺死管仲，鮑叔牙說：「臣幸得以君，君竟以立，君之尊，臣無以增君。君將活齊，即高溪與叔牙是也；君且欲霸王，非管仲不可。夷吾所居國國重，不可失也。」於是齊桓公就從魯國要回管仲，封之為大夫。管仲曾感嘆：「生我者父母，知我者鮑叔也。」管仲能被識被用，一方面得力於鮑叔牙知賢識賢且與管仲從小親近，更重要的是齊桓公能以大業為重，不計前仇，予以重用。假若齊桓公是氣量極小之人，這世間的人才又少了一個，而在後世也絕少有人會知道齊桓公。

在外舉不避仇上，明太祖朱元璋也做得不錯。他非常注意從敵營中招攬人才，甚至「得元朝官員盡用之」，如徐壽輝部將黃彬，陳友諒部將朝適瑞、傅友得，元朝元帥康茂才、朱亮祖等，而且他們都被封侯。正是靠著這些人，明朝江山才得以建立和鞏固。

知人而不為親仇所束縛，真的很難，而正是由於不易，才能使領導者的形象更加光輝，使企業獲得更大的發展。

智者慧語

香港富豪李嘉誠對自己的兒子加以重用，因為他們確實有才能。諸多的事實說明，不管是親近之人還是持不同政見之人，該用的時候就得用，這是事業成功的關鍵之一。

連結解讀

原文精華

有能則舉之，無能則下之。舉公義，辟私怨，此若言之謂也。

——《尚賢上第八》

今譯

有能力就選拔他，沒有能力就罷免他。推舉公義，迴避私怨，說的就是這個意思。

舉公義，辟私怨。

——墨子·《尚賢上》

選用人才的時候，最大的錯誤就是沒有選用比你高明的人。

除此之外，還有幾種人才不可重用：投機者，諂媚者，自命不凡者，權力欲強者，四平八穩者，愛慕虛榮者。

耕柱篇

《耕柱》篇大多由對話組成，記載了墨子與弟子等人的談話。耕柱，便是墨子的著名弟子之一。在《耕柱》篇中，墨子指出：「和氏之璧、隋侯之珠、三棘六異，不可以利人，是非天下之良寶也。今用義為政於國家，人民必眾，刑政必治，社稷必安。所為貴良寶者，可以利民也，而義可以利人。」意思是說，和氏璧、隋侯珠、三翮六翼的九鼎，不能為人帶來利益，因此這些都不是天下的良寶。現在用義來施政於國家，人口必定增多，刑政必定得到治理，社稷必定會安定。認為良寶珍貴，是因為它可以為人民帶來利益，而義可以使人民得到利益。墨子從而得出這樣的結論：「義，天下之良寶也。」在墨子看來，「義」是天下的良寶，只有施行「義」，才能安國、利民。反之，背棄「義」而追求利祿，就會爭鬥不斷，禍患不止。

▌十四 從墨子育人看危機管理

安逸，容易使人不思進取；安逸，容易使企業落入無所謂文化的陷阱。聰明的管理者，懂得居安思危，即使企業發展正處於春天，卻在研究冬天的問題，研究危機。

子墨子言日：「我將上大行，駕驥與羊，子將誰驅？」

——語出《墨子·耕柱》

耕柱是墨子的得意門生，不過，他老是受到墨子的批評。在眾門生之中，大家都公認耕柱是最優秀的人，但又偏偏常遭責備，讓他覺得很沒面子，心中十分委屈。

一天，墨子又對耕柱發脾氣，耕柱憤憤不平地問墨子：「老師，難道我沒有超越別人的地方嗎？以至於要時常遭您老人家的責罵。」墨子反問道：「假如我現在要上大行山，依你看，我是應該用良馬來駕車，還是用羊來駕車呢？」耕柱回答說：「再笨的人也知道要用良馬來駕車。」墨子又問：「為什麼用良馬來駕車呢？」耕柱回答說：「理由很簡單，因為良馬足以擔負重任，值得驅遣。」墨子說：「你答得一點也沒錯，我之所以時常責罵你，也是因為你能夠擔負重任，值得我一再地教導、匡正啊！」

雖然這只是《墨子‧耕柱》中的一則小故事，卻可以為企業危機管理提供一些有益的啟示。墨子不斷地斥責耕柱，使耕柱時時有一種危機感，認知到自己還有哪些不足，墨子的這種做法不僅避免優秀人才的「驕」與「躁」，而且激發人才不斷地追求成功。什麼樣的環境會讓員工產生適當的危機感呢？管理者應該注意到，一個太過平靜的環境容易滋生安逸的情緒，這時你的企業可能因此處於不進則退的境地了，所以你需要不時提醒你的員工，企業可能會倒閉，他們可能會失去工作。這樣可以激勵他們盡其所能，不至於怠慢企業和工作。不少公司單位門口寫道：「今天工作不努力，明天努力找工作」，就是危機管理的生動寫照。

如果員工無論業績多麼差都能高枕無憂，結果就會造成一種無所謂的企業文化。任何企業中都存在無所謂文化，員工無所事事，卻認為企業「欠」著他們的，因為管理層創造了一種「應得

權利」的文化，在無所謂文化中，員工更注重行動而不是結果。要打破這種無所謂文化，或提升那些唯恐失去工作的人的積極性，就應該在風險與穩定之間建立適當的平衡點。如果人們覺察不到危機感，就必須創造一種環境，讓他們產生不穩定感，不能讓他們麻木不仁，要引導人們走出無所謂文化，一定要確保他們明白當今的經濟現狀中潛伏著數不盡的威脅：客戶可能拂袖而去；企業可能倒閉；員工可能失業。要說服那些充滿恐懼的員工獲取安全感的最好途徑，是幫助企業實現最為關鍵的目標。沒有成功，就沒有企業，也就沒有工作。

智者慧語

在企業界，以危機為核心的企業觀正在形成。海爾集團的張瑞敏說：「我每天的心情都是如履薄冰，如臨深淵。」聯想集團柳傳志說：「我們一直在設立一個機制，好讓我們的經營者不打盹，你一打盹，對手的機會就來了。」軟體企業東軟集團的董事長劉積仁說：「我們一直怕死，所以才活到今天。」

在 WTO 大潮已襲來的今天，各國企業最需要具備的，就是管理的危機感和真正強化管理的勇氣。

墨子批評耕柱

子墨子言曰：「我將上大行，駕驥與羊，子將誰驅？」

我將上大行山，依你看，我是應該用馬來駕車，還是用羊來駕車呢？

　　從某種意義上說，批評也是一門藝術。但正如古人所說：「水至清則無魚，人至察則無徒。」對一個人才要從嚴要求，但絕不能因此就吹毛求疵、求全責備。

連結解讀

原文精華

　　子墨子怒耕柱子。耕柱子曰：「我毋俞於人乎？」子墨子曰：「我將上大行，駕驥與羊，子將誰驅？」耕柱子曰：「將驅驥也。」子墨子曰：「何故驅驥也？」耕柱子曰：「驥足以責。」子墨子曰：「我亦以子為足以責。」

——《耕柱第四十六》

今譯

　　墨子對弟子耕柱子發脾氣。耕柱子說：「難道我沒有超越別人的地方嗎？」墨子問：「我想要上大行山，或用良馬來駕車，或用羊來駕車，那麼用什麼來駕車呢？」耕柱子回答說：「用良馬駕車。」墨子又問：「為什麼用良馬來駕車？」耕柱子回答說：「良馬可以負得起駕車上山的責任。」墨子說：「我也是認為你能負得起責任啊。」

▌十五 企業的溝通管理

　　零售帝國沃爾瑪創始人山姆·沃爾頓說：「如果把沃爾瑪管理之道濃縮為一點，那就是注重溝通。」溝通是管理的濃縮。

子墨子言曰：「我亦以子為足以責。」

——語出《墨子·耕柱》

墨子與耕柱的故事，還可以向企業溝通管理提供一些有益的啟示，但願每一個人都能夠從這個故事中獲益。

啟示一：員工應該主動與管理者溝通

優秀企業都有一個很顯著的特徵，企業從上到下都重視溝通管理，擁有良好的溝通文化。員工尤其應該注重與主管領導的溝通。一般來說，管理者要考慮的事情很多很雜，許多時間並不能為自己主動控制，因此經常會忽視與部屬的溝通。更重要的是，管理者對許多工作在下達命令讓員工去執行後，自己並沒有親自參與到具體工作中去，因此沒有切實考慮到員工可能會遇到的具體問題，總認為不會出現什麼差錯，導致缺少主動與員工溝通的精神。作為員工應該有主動與主管溝通的精神，這樣可以彌補主管因為工作繁忙和沒有具體參與執行工作而忽視的溝通。試想，故事中的墨子因為要教很多的學生，一則因為繁忙沒有心思找耕柱溝通；二則沒有感受到耕柱心中的憤恨，如果耕柱沒有主動找墨子，那麼結果會怎樣呢？不言而喻！

啟示二：管理者應該積極和部屬溝通

優秀管理者必備技能之一就是高效溝通技巧，一方面管理者要善於向更上一級溝通，另一方面管理者還必須重視與部屬溝通。許多管理者喜歡高高在上，缺乏主動與部屬溝通的意識，凡事喜歡下命令，忽視溝通管理。試想，故事中的墨子作為一代宗師差點就犯下大錯，如果耕柱在深感不平的情況下沒有主動與墨

子溝通，而是採取消極抗拒，甚至遠走他方的話，一則墨子會失去一個優秀的可塑之才，二則耕柱也不可能再從墨子身上學到更多的知識了。從這個故事中，管理者首先要學到的就是身為主管有權利也有義務主動和部屬溝通，而不能只是高高在上、簡單安排任務！

啟示三：企業忽視溝通管理就會造就無所謂的企業文化

如果一個企業不重視溝通管理，大家都消極地對待溝通，忽視溝通文化的話，那麼這個企業長期下去就會形成一種無所謂企業文化。員工對什麼都無所謂，既不找主管，也不去消除心中的憤恨；管理者也對什麼都無所謂，不去主動地發現問題和解決問題，因此大家共同造就了企業內部的「無所謂」的企業文化。在無所謂文化中，員工更注重行動而不是結果，管理者更注重安排分配任務而不是發現和解決問題。試想如果故事中耕柱和墨子都認為一切都無所謂，耕柱心中憤恨不去主動積極找墨子溝通，墨子感覺耕柱心有怨言，也不積極主動找耕柱交談，以打消其不滿的情緒，那麼故事的結局想必很明顯吧？墨子沒有優秀的學生，其學問不可能產生深遠的影響。耕柱呢？也就可能只是一個很普通的學生，心中憤恨日久生怨，說不定還會做出什麼極端的事情。

啟示四：打破企業無所謂文化的良方就是加強溝通危機防範

要打破這種無所謂文化，提高企業的經營業績，提高所有員工的工作滿意度，就應該在管理者與部屬之間建立適當的溝通平衡點。如果管理者和部屬沒有溝通意識，就必須創造一種環境，讓他們產生溝通意願，而不能讓他們麻木不仁，不能讓他們事事

都感覺無所謂。企業內沒有溝通，就沒有成功，也就沒有企業的發展！

啟示五：溝通是雙向的，不必要的誤會都可以在溝通中消除

溝通是雙方面的事情，如果任何一方積極主動，而另一方消極應對，那麼溝通也是不會成功的。試想故事中的墨子和耕柱，他們忽視溝通的雙向性，結果會怎樣呢？在耕柱主動找墨子溝通的時候，墨子要麼推諉很忙沒有時間溝通，要麼不積極地配合耕柱的溝通，結果耕柱就會恨上加恨，雙方不歡而散，甚至最終出走。如果故事中的墨子在耕柱沒有來找自己溝通的情況下，主動與耕柱溝通，然而耕柱卻不積極配合，也不說出自己心中真實的想法，結果會怎樣呢？雙方並沒有消除誤會，甚至可能使誤會加深，最終分道揚鑣。

所以，加強企業內部的溝通管理，一定不能忽視溝通的雙向性。作為管理者，應該具有主動與部屬溝通的胸懷；作為部屬也應該積極與管理者溝通，說出自己心中的想法。只有大家都真誠地溝通，雙方密切配合，企業才可能發展得更好更快！

智者慧語

溝通是每個人都應該學習的課程，提高自己的溝通技能應該上升到策略高度。我們每個人都應該高度重視溝通，重視溝通的主動性和雙向性，只有這樣，我們才能夠進步得更快，企業才能夠發展得更順暢、更高效。

連結解讀

原文精華

　　子墨子怒耕柱子。耕柱子曰：「我毋俞於人乎？」子墨子曰：「我將上大行，駕驥與羊，子將誰驅？」耕柱子曰：「將驅驥也。」子墨子曰：「何故驅驥也？」耕柱子曰：「驥足以責。」子墨子曰：「我亦以子為足以責。」

——《耕柱第四十六》

今譯

　　墨子對弟子耕柱子發脾氣。耕柱子說：「難道我沒有超越別人的地方嗎？」墨子問：「我想要上大行山，或用良馬來駕車，或用羊來駕車，那麼用什麼來駕車呢？」耕柱子回答說：「用良馬駕車。」墨子又問：「為什麼用良馬來駕車？」耕柱子回答說：「良馬可以負得起駕車上山的責任。」墨子說：「我也是認為你能負得起責任啊。」

修身篇

在墨子的政治思想中，十分注重強調執政者加強道德修養的重要性。墨子認為，道德修養是為人治國的根本，因此，君子必須注重自身的品德修養。他還特別指出不注重品德修養的危害：「是故置本不安者，無務豐末。」即本立得不安，枝幹不會繁盛。又說：「本不固者末必幾，雄而不修者其後必惰，原濁者流不清，行不信者名必耗。」在此，墨子以水的源頭汙濁，整條河流必將混濁的生動事例，具體地說明了不注重品德修養，做人為官就容易私欲熏心、濫施惡行，多行不義必自斃，久而久之就會陷入汙穢的深淵不能自拔，招致身敗名裂的結局。

▌十六 為拙劣管理者畫像

俗話說：「兵熊熊一個，將熊熊一窩。」「一將無能，累死千軍。」企業管理者的作用是舉足輕重的，管理者自身的素質，直接關係到企業的興衰存亡。

子墨子言曰：「是故置本不安者，無務豐末。」

——語出《墨子·修身》

《墨子·修身》中有：

「君子指揮作戰即使行兵布陣，也一定要以自身勇敢為本。辦理喪事即使有禮儀，也應以哀痛為本。做官雖然有學問，卻應當以品行為本。」

接著墨子下了這樣的結論：「是故置本不安者，無務豐末。」本立得不牢，枝幹就不會繁盛。

將墨子的思想加以引申，我們可以說：管理者品行不端，企業就不會興盛。

管理者的素質是決定企業組織管理成敗的主要因素，管理者的弊病多，則企業就會百病纏身。美國卓越的企業家、拯救瀕危企業的高手李·艾柯卡甚至這樣斷言：「美國如果有五十個真正的企業家，美國的經濟就可以振興。」李·艾柯卡為我們列舉了幾種常見的拙劣管理者的主要類型和表現：

（一）吹毛求疵型

對下屬完成的工作，常常苛求。

經常批評下屬。

喜歡在其他員工面前說下屬的不是。

公眾場合要領導者威風，嚴厲指責下屬。

（二）工作狂型

事無巨細，大事小事一把抓。

注視下屬工作，可以用監管來形容。

讓員工經常加班。

總是說太忙，太忙，不讓員工有片刻閒暇。

除了工作之外，幾乎與員工沒有來往。

（三）好好先生型

安於現狀，不思進取。

不鼓勵企業的內部競爭，打擊下屬的積極性。

總以「息事寧人」提醒自己。

認為爭執是野蠻人的行為。

將「軟弱管理」等同於具有人情味。

只獎不罰，一有責任就讓大家共同承擔。

（四）宣威揚德型

喜歡說自己的輝煌歷史。

視「面子」為生命。

喜歡奉迎之辭。

不喜歡與自己相左的意見。

太重程序，要求員工一切以程序為重。

權力滿天飛，指示一大串。

（五）過於古板型

從不向員工說「辛苦了」等話語。

從不苟言笑，以至於員工從未見過其笑臉。

除了開會，很少與員工交談。

除非推辭不了，否則不會參加員工聚會。

（六）過於親切型

過於關心下屬的私生活。

和藹可親，卻常常令人心跳加快，感覺過於親密。

對於下屬工作屢加干擾，卻以為是在幫下屬的忙。

以「親切」為招牌，而一旦下屬犯點小錯就馬上訓斥。

（七）唯恐天下不亂型

心情不好，對下屬橫眉豎眼。

指令太多，且易轉變，讓人無所適從。

要求過於完美，讓下屬遙不可及。

心中永無「滿意」二字。

喜歡打聽下屬私事，又幸災樂禍，不會保密。

（八）鋒芒太露型

大事小事，事必躬親。

企業一切決策由自己決定。

經常對下屬做強硬的壓制。

自私自利，功勞歸我，責任歸你。

唯成績是問，只看結果，不看過程。

（九）疑心太重型

總擔心下屬做錯事。

總擔心下屬工作不努力。

不願充分授權給下屬。

擔心下屬會失去控制。

總是擔心下屬過於精明，有不軌企圖。

智者慧語

人貴有自知之明，有缺點並不可怕，可怕的是有缺點卻不知改正。身為管理者，應清楚地了解自己，認識自己，找到自身的缺陷，及時予以改正。一位世界五百大企業的 CEO 告誡我們：「要使企業保持健康，管理者就要用顯微鏡看自己的不足，先保持自身健康才行。」

連結解讀

原文精華

君子戰雖有陳，而勇為本焉。表雖有禮，而哀為本焉。士雖有學，而行為本焉。是故置本不安者，無務豐末。

——《修身第二》

今譯

君子指揮作戰即使行兵布陣，也一定要以自身勇敢為本。辦理喪事即使有禮儀，也應以哀痛為本。做官雖然有學問，卻應當以品行為本。所以本立得不牢，枝幹就不會繁盛。

置本不安者，無務豐末。

——墨子·《修身》

人活著，必須有一種精神支撐著。

道德，正是這種精神的根源。

道德能使人時刻不忘根本，使人不忘之所以為人的原則，使人能夠不忘國家和民族的利益，使人能夠保持人格和尊嚴。

▌十七 對下屬謙恭有禮

把你的微笑作為給下屬的「見面禮」、記住下屬的名字、多徵詢下屬的意見、傾聽下屬的傾訴、真誠地讚揚下屬……都會使你身價倍增、魅力無窮。

子墨子言曰：「動於身者，無以竭恭。」

——語出《墨子·修身》

「修身」，即修養自身。《墨子·修身》篇主要闡述了君子人格、品德修養的問題，其中有：「動於身者，無以竭恭。出於口者，無以竭馴。」意思是說，君子自身的舉動，是說不盡的謙恭。從君子口中說出的話，沒有絲毫不馴從的。

墨子讚揚君子謙恭的態度，企業的管理者對下屬也應做到謙恭。

然而，就是有人不注意。他們往往只要求下屬對自己尊敬，而從不要求自己對下屬謙遜。甚至認為對下屬謙恭有禮，未免有失身分。他們習慣於昂首挺胸走進辦公室，而對四周傳來的恭恭

敬敬的招呼聲和一張張殷勤的笑臉置若罔聞。心情好的時候，也不過是向大家點一點頭而已。他們以「喂」來稱呼下屬，從不客氣地徵詢他們的意見。

這種無視下屬的領導者，背後必然被人罵作「擺臭架子」。「架子」未倒之際，下屬們不得不與你敷衍；「架子」一倒，情形可就慘了，非但不會有人來扶你一把，相反，走過來踩你一腳的人卻有不少。

企業內部需要謙恭，謙恭體現了對人的尊重和高水準的文明程度。把謙恭視為企業管理的一部分，會收到意想不到的效果。

微笑是謙恭的重要表現之一。有人認為：領導者在自己的下屬面前，就是要嚴肅，嚴肅就是威信，嚴肅才有威信。嚴肅是什麼——板著臉。

其實，這是十分錯誤的。他們不知道，作為一個領導者，他們的下屬是多麼地關心他們的一張臉，如果他們總是一張鐵青的臉，會使下屬沮喪、犯愁，甚至恐慌，如果他們有一張微笑著的臉，會使下屬心中充滿陽光，感到溫暖，得到鼓舞。

微笑能給人以溫暖。每天，領導者與自己的下屬接觸時，如果能面帶微笑，或問聲好，下屬就會感到這個群體無比溫暖，從而精神飽滿，工作熱情。

微笑能給人以鼓舞。領導者分配給下屬工作任務，有時因為太繁重或太關鍵，使下屬感到壓力很大。在這種情況下，領導者切忌板著面孔，說：「沒有餘地可講，能完成也得完成，完成不了也得完成！」那只能增加壓力，增加畏懼，使之更加束手無策。

如果你微笑著，拍拍他的肩膀，說：「可以的，你會有辦法的。」會使他們緊張的情緒鬆弛下來，並使他們受到鼓舞，激勵他們去克服各種困難，得到安慰，增強信心。如果領導者能以熱情的態度和他們一起商討完成任務的方法，效果會更好。

微笑能給人以信任。那些工作業績不好，或犯過錯誤的下屬，往往有悲觀壓抑情緒，他們擔心周圍人看不起自己，擔心領導者不再信任自己。領導者如果能給予一個由衷的微笑，這種壓抑感在很大程度上能夠得到消除，也就增加了他們迎頭趕上和改正錯誤的決心和勇氣。

微笑能給人以安慰。下屬遭遇不幸，心中痛苦，精神倦怠，此時，領導者及時出現在他們面前，微笑著，伸出熱情的手，是一種極大的安慰。對他們而言，理解與同情比金錢更重要。

智者慧語

對下屬謙恭有禮，應該是發自內心的、真心誠意的、令人感到溫暖的，那種虛偽的、強裝的謙恭，只能使人反感、令人厭惡。

連結解讀

原文精華

動於身者，無以竭恭。出於口者，無以竭馴。

—— 《修身第二》

今譯

君子的舉止，沒有不是謙恭有禮的。君子的談吐，沒有不是溫順可親的。

動於身者，無以竭恭。

——墨子·《修身》

謙遜，是一個優點、一種高尚的品質，是一個人一生受用不盡的財富。

具有謙遜性格的人，恪守的是一種平衡，即使周圍的人在對自己的認同上達到一種心理上的平衡，讓別人不感到卑下和失落。不僅如此，謙遜有時還能讓人感到高貴，即產生任何人都希望能獲得的優越感。

十八 誠信是企業生存的基因

誠信是經濟生活的命脈，是市場的基石，是企業的生命。企業講信用、重信譽才能在市場經濟的大潮中立於不敗之地。

子墨子言曰：「志不強者智不達，言不信者行不果。」

——語出《墨子·修身》

墨子說：「言不信者行不果。」言而無信的人做事不會有結果。

墨子如此見解，同解頗多。

孔子說：「人而無信，不知其可也。」一個人如果不講信用，不知他怎麼可以為人。

老子在《道德經》中也說：「信不足焉，有不信焉。」一個人誠信不足，別人自然不會相信他。事實也的確如此，你答應了別人什麼事，對方自然會指望你，一旦別人發現你開的是「空頭支票」，就會產生強烈的反感。「空頭支票」只會損害自己的信譽。因此，做人必須言而有信。誠信之於企業，猶如生命之於人。企業失去誠信就代表著失去員工的支持，失去客戶的支持，失去消費者的支持，企業也就失去了存在的理由和價值。而有了誠信，即使面對困難，員工、客戶以及其他關心企業的人都會給予理解與幫助，與企業一起同舟共濟。

奇異公司前 CEO 傑克·威爾許，對公司的每個員工都提出了誠信的要求：

「每個人都要做到誠信。實際上每個人從加入奇異的第一天開始，就要遵守誠信。不論在中國，在印度，還是在美國，當員工新加入公司時，他們進入奇異後的第一件事就是要進行誠信的培訓，每年都是如此。奇異跟合作夥伴，也做誠信的培訓。公司每個部門都要做這件事情，所以這是自始至終貫穿全公司的事情。我認為公司應該有人性的一面，它是由人組成的，人們希望在一個有誠信的環境裡工作，人們希望和有誠信的人打交道。所以你領導一個公司必須要先尊重人，因此誠信是非常重要的。那麼怎麼來實施誠信的培訓呢？奇異由公司領導者親自來做誠信的培訓，講解公司的政策。奇異還堅持用網際網路培訓，在工作職位上再學習。但是我覺得最重要的一點是，在過去的五年裡，在

亞洲和中國，奇異要求各部門的負責人來負責誠信的培訓。那就是說，奇異並不是讓人力資源部或律師來負責誠信培訓。奇異要求部門領導者，各項業務部門的 CEO、總經理、銷售主管等來負責誠信範圍的事情，誠信並不只是法律規則。誠信政策必須符合法律，但是如果你把它交給律師去做，誰也不願意聽律師所說的話，所以你必須把它做成一個由業務領導者主要執行的事情。」

威爾許認為，誠信在奇異是統一的，奇異的誠信標準是堅決的，是絕對全球一致的。奇異不會在任何一個國家為了方便而放棄原則，奇異必須使誠信真正扎根於每個人的心中。

惠普 CEO 卡莉·費奧莉娜也把誠信作為自己日常經營過程中的座右銘。費奧莉娜希望所有的惠普人彼此坦誠相待，以贏得他人的信任和忠誠。誠信是公司內的各級員工都應奉守的最高職業道德標準，並能充分理解止於至善的深刻含義。雖然在事實上，公司員工的個人道德操守並不受到惠普公司規章管理制度的約束，但誠信作為公司不可分割的組成部分，費奧莉娜希望它能夠在員工中代代相傳。

在商業經營中，費奧莉娜時刻以誠信來提醒自己，在每一次合作和每一次交易的過程中，她都力求以誠相待，不在細節上做文字遊戲，不在應付或應收帳款中有任何馬虎。甚至公司所面臨的一些問題也不迴避，而是坦誠相告，並做出詳細報告及預測，以證明這些困難是暫時的。可以說，費奧莉娜將誠信這兩個字作為信條，貫穿於她的管理和商業生活的始終。誠信，被她擺在了第一位。

　　這裡的誠信，似乎並非指某個人的稟性，而更在於一個企業或團隊的共同的素質，一種生存的基因。任何一家企業如果基因出現了混亂，等待它的必然是毀滅性的結局。

智者慧語

　　誠信是企業的生命，是企業生存與發展之本。老企業憑藉品牌優勢在激烈的競爭中立於不敗之地；新企業由於誠信，獲得顧客的信任，而立穩腳跟。反之，企業失去誠信，會使由多年的品牌累積而促成的品牌忠誠化為烏有，會深深傷害消費者的心；企業信譽崩潰，必將面臨破產危機。

　　墨子誠信為人

　　子墨子言曰：「志不強者智不達，言不信者行不果。」孔子說：「與朋友交而不信乎？」還有「一諾千金，一言九鼎」、「一言既出，駟馬難追」等都強調了一個「信」字。清代顧炎武更是以「生來一諾比千金，哪肯風塵負此心」表達了自己堅守信用的處世態度。誠信是為人處世的根本，是一種高尚的品質和情操。

連結解讀

原文精華

　　志不強者智不達，言不信者行不果。

──《修身第二》

今譯

意志不堅強的人，智慧不會通達，言而無信的人，做事不會有結果。

志不強者智不達，言不信者行不果。

——墨子·《修身》

「志不強者智不達。」意志不堅定的人，智慧就得不到充分的發揮。許多有成就的人，都是意志、天才與勤奮的結合。

「言不信者行不果。」言而無信的人，做事不會有結果。只有守信的人，才會被人信任；只有做到一諾千金，事業才有望發展壯大。

所染篇

《所染》篇，以染絲一事為例：染坊主人把一縷縷潔白的絲放進染缸裡，絲立即變了顏色。絲本來多麼純潔，可是放進青色的染缸裡，就變成了青色；放進黃色的染缸裡，就變成了黃色。墨子指出：環境是一個大染缸，好的環境就像一個色彩明朗的染缸，染出來的絲明豔耀眼；不好的環境就像一個色彩混濁的染缸，染出來的絲黯淡無光。可見環境的重要性。不僅染絲如此，人也與染絲類似。因此，帝王、諸侯、大夫一定要正確選用身邊的近臣，或朋友，以確保受到良好的薰染。帝王、諸侯、大夫受到環境影響的好壞，關係到國家的興亡以及自身的安危。

▍十九 謹慎交友

我們每一個人都需要朋友，就感情而言，朋友是互通心靈的好去處；就事業而言，朋友是強有力的支撐和幫助。但我們必須知道：應該結交什麼樣的朋友？只有這樣，我們才能保證所結交的朋友對自己有所幫助，而不至於因交友不慎招致災禍。

子墨子言見染絲者而嘆曰：「染於蒼則蒼，染於黃則黃。」

——語出《墨子·所染》

有一天，墨子經過一家染坊，看見主人把一縷縷潔白的絲放進染缸裡，絲立即變了顏色。墨子看了，非常感慨地說：「絲本來多麼純潔，可是放進青色的染缸裡，就變成了青色；放進黃色的染缸裡，就變成了黃色。不僅染絲如此，人也與染絲類似啊！」

在《墨子·所染》篇中，墨子以帝王為例說明了這一點：

「舜被許由、伯陽所染，禹被皋陶、伯益所染，商湯被伊尹、仲虺所染，周武王被姜太公、周公姬旦所染。這四位帝王因為所染得當，所以稱王天下，被立為天子，他們的功名遮蓋四方，傳揚天下。」

「夏桀被干辛、推哆所染，商紂王被崇侯虎、惡來所染，周厲王被厲公長父、榮夷終所染，周幽王被傅公夷、蔡公穀所染。這四位帝王因為所染不當，所以國家滅亡，自身被殺，遭天下人恥笑。」

其實，不僅國君有受熏染影響的事，我們普通人亦是如此。

《易經》上說：「比之匪人，不亦傷乎？」你靠近了不該靠近的人，怎麼可能不傷害到自己呢？《易經》告誡我們，一定要謹慎地選擇朋友。

那又該結交什麼樣的朋友呢？

孔夫子說得清楚：「益者三友，損者三友。友直，友諒，友多聞，益矣。友便辟，友善柔，友便佞，損矣。」

有益的朋友有三種：

正直的朋友。正派、直率、不虛偽。當你春風得意、驕傲自滿時，他會對你潑冷水，讓你清醒過來；當你一朝失意、鬱鬱寡歡時，他會給你鼓勵，讓你得到溫暖。

誠信的朋友。誠實，守信，負責任。當你上升時，他不一定離你很近；當你下沉時，他卻總在你的身邊。

知識廣博的朋友。懂事理，知變化，胸懷大志。可以影響你、促進你，幫助你不斷完善、不斷提高，取得事業的成功。

有害的朋友也有三種：

諂媚逢迎的人。對你好，巴結你，並非出於真心，而是有個人的目的。

表面奉承而背後誹謗的人。表面奉承，只是應付而已；背後誹謗，則是品質低下。

花言巧語的人。花言巧語的人，必定品質惡劣；對你花言巧語，那是在迷惑你，說不定有陷阱在等著你呢！

我們在擇友時，一定要明確自己的標準，即結交品行端正、心地善良、樂於助人、勤奮上進的人。這樣的朋友就是益友，一生中都會對你有很大的幫助。

在這一點上，墨子與孔子所見相同。墨子說：「有些人交的朋友喜歡仁愛恩義，淳厚嚴謹遵守法令，那麼他們的家道就會一天比一天好，自己每天都安全，名聲一天比一天榮耀，做官能合乎事理，例如段干木、禽子、傅說就是這樣的人。有些人交的朋友喜歡驕傲自大，結黨營私，那麼他們的家道會一天比一天損害，自己一天比一天危險，名聲一天比一天受辱，做官喪失了應有的理性，例如衛公子開方、易牙、豎刁就是這樣的人。」《詩經》中說：「一定要選擇好染料。」所謂小心選擇染料，墨子指的就是這個意思。

智者慧語

　　羅曼·羅蘭說：「有了朋友，生命才顯示出全部的價值。」卡西勒說：「沒有朋友的人，只能算半個人。」忠誠的朋友是無價之寶。正因為如此，交什麼樣的朋友，對每個人來說，都是一件必須謹慎的事情。

　　墨子見人染絲有感

　　子墨子言見染絲者而嘆曰：「染於蒼則蒼，染於黃則黃。」可見，環境的重要性。因此，我們必須謹慎交友。

　　《易經》上說：「比之匪人，不亦傷乎！」你靠近了不該靠近的人，怎麼可能不傷害到自己呢？所以，我們一定要謹慎地選擇朋友，切不可濫交，要結交益友，而不和那些品行不端的人結交。

連結解讀

原文精華

　　子墨子言見染絲者而嘆曰：染於蒼則蒼，染於黃則黃。所入者變，其色亦變。五入必而己，則為五色矣。故染不可不慎也。

——《所染第三》

今譯

　　墨子看見別人染絲，有感說：絲用青色的染料去染就變成青色，用黃色染料去染就變成黃色。所用的染料不同，它的顏色也

隨著改變。經過五種染料染過後，就變成了五種顏色。所以染東西時不能不慎重使用染料。

染於蒼則蒼，染於黃則黃。

——墨子·《所染》

「君子之交淡如水」，是道家莊子的名言。這與儒家《中庸》上的「君子之道，淡而不厭」是一個道理。君子的交友之道，如淡淡的流水，長流不息，淵遠流長。除此之外，還要「簡而文」、「溫而理」，即簡略而文雅，溫和且合情理。

▌二十 創造一個良好的企業環境

俗話說：「一個企業一條蟲，換個企業一條龍。」說的就是環境的重要性。因此，企業要想吸引人才、培養人才，就必須為人才創造一個良好的環境。

子墨子言曰：「五入必而己，則為五色矣。故染不可不慎也。」

——語出《墨子·所染》

在墨子看來，環境是一個大染缸，好的環境就像一個色彩明朗的染缸，染出來的絲明豔耀眼；不好的環境就像一個色彩混濁的染缸，染出來的絲黯淡無光。可見，環境的重要性。因此，我們應該謹慎交友，為自己創造一個良好的生活環境。同樣，企業要謀求發展，也應該創造一個吸引人才、造就人才的良好環境。

古人云：「良禽擇木而棲，賢人擇主而仕。」是否能聚人、培養人，都和環境有著很大關係。這裡的環境包括自然環境和社會環境。其中社會環境尤為重要。

社會環境包括經濟環境、政治環境和文化環境；硬環境和軟環境；大環境和小環境等。經濟環境，如物質條件、薪資福利無疑是環境的重要內容，然而過分誇大它的作用卻是錯誤的。有些企業創業時期的經濟環境並不比別的企業好，但卻吸引了眾多人才投奔這個環境。人才流向的「善政」主要不是物質條件硬環境，而是軟環境。正如王維詩中所言：「聖代無隱者，英靈盡來歸。」這個軟體環境主要包括：

（一）組織的整體形象

人們選擇環境不只看某一單項指標，而是看整體形象。古今中外吸引人才的環境都是因為這個組織是變法圖強、奮發進取的。儘管某些物質條件不如人，但整體上充滿活力，朝氣蓬勃，奮發向上，為人才實現自身價值提供了廣闊的天地。反之，一個組織只是因循舊制，不圖進取，不能為人才提供用武之地，必使內部人才「人心思走」，外部人才望而卻步。

（二）相應的配套措施

變革圖強必須有相應措施。如組織機構，規章制度，獎懲措施，政策法令，以及許多不成文的社會風尚、文化傳統和群眾心理，特別是現代企業十分強調的「企業精神」或「企業文化」等。其中最為重要的是尊重知識、尊重人才的觀念、政策等軟環境因素。

（三）好群體、好領導

人才群體是環境的重要內容，群體結構優，整體功能大於個體之和，一加一大於二；群體結構劣，整體結構功能小於個體之和，一加一小於二。後者功能相互抵消，產生內耗，功能減值。這是「三個臭皮匠，勝過一個諸葛亮」和「三個和尚沒水喝」的關係。

一個組織，關鍵又在於它的領導者。人才選擇環境，領導者的品德、才能、觀念、心理狀態就成為重要的因素。領導者是親賢臣還是親小人，也是人才選擇環境的一個因素。如果領導者身邊聚集一些不學無術、善於鑽營或阿諛逢迎之徒，正直之士通常都會敬而遠之。「物以類聚，人以群分」，「進一小人，則小人盡至」，「進一賢人，則賢人競進」。由此可見，領導者的素質對環境因素的重要性。

（四）尊重知識、尊重人才

關鍵要落實在行動上，要實實在在地給人以施展才能的舞台，用人勿疑，疑人勿用。給人以信任，給人以厚待，才能解除後顧之憂。要珍惜人才，愛護人才，求賢若渴。

智者慧語

人才是企業的基石，是企業長盛不衰的堅強後盾，更是企業興旺發達的根本所在。企業要想擁有人才，必須先能吸引人才，這在很大程度上決定於企業環境的魅力。

連結解讀

原文精華

非獨染絲然也。國亦有染。舜染於許由、伯陽，禹染於皋陶、伯益，湯染於伊尹、仲虺，武王染於太公、周公。此四王者所染當，故王天下，立為天子，攻名蔽天地。舉天下之仁義顯人，必稱此四王者。

夏桀染於干辛、推哆，殷紂染於崇侯、惡來，厲王染於厲公長父、榮夷終，幽王染於傅公夷、蔡公穀。此四王者所染不當，故國殘身死，為在下僇。舉天下不義辱人，必稱四王者。

齊桓染於管仲、鮑叔，晉文染於舅犯、高偃，楚莊染於孫叔、沈尹，吳闔閭染於伍員、文義，越勾踐染於范蠡大夫。此五君所染當，故霸諸侯，功名傳於後世。

范吉射染於長柳朔、王勝，中行寅染於籍秦、高強，吳夫差染於王孫雒、太宰嚭，知伯瑤染於智國、張武，中山尚染於魏義、偃長，宋康染於唐鞅、佃不禮。此六君者所染不當，故國家殘亡，身為刑戮，宗廟破滅，絕無後類，君臣離散，民人流亡。舉天下之貪暴苛擾者，必稱此六君也。

......

非獨國有染也，士亦有染，其友皆好仁義，淳謹畏令，則家日益，身日安，名日榮，處官得其理矣，則段干木、禽子、傅說之徒是也。其友皆好矜奮，創作比周，則家日損，身日危，名日

辱，處官失其理矣，則衛公子開方、易牙、豎刁之徒是也。《詩》曰：「必擇所堪。」必謹所堪者，此之謂也。

——《所染第三》

今譯

不僅染絲是這樣，國家也與染絲類似。舜被許田、伯陽所感染，禹被皋陶、伯益所感染，商湯被伊尹、仲虺感染，周武王被姜太公、周公姬旦所感染。這四位帝王因為所染得當，所以稱王天下，被立為天子，他們的功名遮蓋四方，傳揚天下。人們例舉天下的仁義顯貴之人，一定要提到這四位帝王。

夏桀被干辛、推哆這些奸臣所染，商紂王被崇侯虎、惡來這些奸臣所染，周厲王被厲公長父、榮夷終這些奸臣所染，周幽王被傅公夷、蔡公穀這些奸臣所染，這四位帝王因為接受不正確的影響，所以國家滅亡，自身被殺，被天下人恥笑。例舉天下不義受恥辱的人，一定要提到這四位帝王。

齊桓公受管仲、鮑叔牙的影響，晉文公受舅舅狐偃的影響，楚莊王受孫叔敖、沈尹莖的影響，吳王闔閭受伍子胥、文義的影響，越王勾踐受范蠡的影響，這四位國君受到的影響得當，所以稱霸諸侯，功名流傳後世。

范吉射受長柳朔、王勝的影響，中行寅受籍秦、高強的影響，吳王夫差受王孫雒、伯嚭的影響，知伯瑤受智國、張武的影響，中山尚受魏義、偃長的影響，宗康受唐鞅、佃不禮的影響，這六個人受的影響不好，所以國家滅亡，自身遭到刑殺，宗廟被毀，

斷決了後代，君臣離散，人民流離失所。如果例舉天下貪暴苛刻
的人，一定要提這六個人。

......

　　不僅國君有受熏染影響的事，士人也有受影響的事，他們交
的朋友都喜歡仁愛恩義，淳厚嚴謹遵守法令，那麼就會家道一天
比一天好，自己每天都安全，名聲一天比一天榮耀，做官能合乎
事理，比如段干木、禽子、傅說這些人，就是這樣的人。有些人
交的朋友喜歡驕傲自大，結黨營私，那麼他們的家道會一天比一
天受損害，自己一天比一天危險，名聲一天比一天受辱，做官喪
失了應有的理性，例如衛公子開方、易牙、豎刁就是這一類人。
《詩經》中說：「一定要選擇好染料」，其中所說的小心選擇染料，
就是這個意思。

法儀篇

「法儀」即法度禮儀。墨子認為治理國家不能沒有法度禮儀。墨子指出:「天下從事者,不可以無法儀,無法儀而其事能成者無有也。」意思是說,天下做事的人,不可以沒有法度禮儀,沒有法度禮儀,而事情能成功的,那是從來沒有的事。然而墨子的法儀與儒家、法家不同,他認為君主治理國家必須以天為法,即「天之行廣而無私,其施厚而不德,其明久而不衰,故聖王法之。既以天為法,動作有為,必度於天。」墨子的「以天為法」,實為兼愛思想在法上的體現。

▌二十一 規章制度是企業管理的導航圖

沒有規矩,不成方圓。科學、適用、有效、嚴密的規章制度,是企業各項管理活動得以順利進行的重要基礎,也是現代企業管理內在的必然要求。

子墨子言曰:「天下從事者,不可以無法儀,無法儀而其事能成者無有也。」

——語出《墨子·法儀》

《墨子·法儀》篇中有:

「天下從事者,不可以無法儀,無法儀而其事能成者無有也。」

意思是說,天下做事的人,不可以沒有法度禮儀,沒有法度禮儀,而事情能成功的,那是從來沒有的事。

　　墨子出身於工匠，他熟知手工匠師的技藝，因此便以工匠為例，說明治理國家不能沒有法度禮儀。

　　墨子說：「各類工匠畫方形用矩，畫圓形用規，畫直線用墨繩，量偏正用懸垂，無論是巧工或不是巧工，都用這四種方法。能工巧匠能適合這些法則，不是能工巧匠雖然不能適合，可是模仿做這些事，仍然勝過自己亂做。因此，各種工匠做事都有法則。」

　　「現在大的到治理天下，其次是治理國家，卻沒有法規可循，這還不如百工聰明。」

　　同樣，管理企業，卻沒有法度可循，也不如百工聰明。

　　對企業而言，沒有規章制度就沒有管理，規章是企業管理的導航圖。然而，縱觀眾多企業，並非沒有規章制度，而是規章制度存在著許多缺陷：

　　規章制度不完善、不健全。

　　規章制度脫離實際，缺乏可操作性。

　　規章制度不公正、不公平，有等級分別。

　　規章制度不適用、不合理，違反了客觀管理規律。

　　規章制度不能與時俱進，因循守舊、呆板、僵化。

　　不同規章制度之間存在矛盾、互相牴觸。

　　規章制度粗線條、過於籠統、不明確。

　　規章制度執行不當，或在執行中大打折扣。

　　企業規章制度要避免以上缺陷，除在制定過程中要遵照調查分析、擬訂條文、討論、試行、正式頒布、監督執行、修正或廢止等程序之外，還應遵循以下幾個原則：

　　（一）系統性原則

　　規章制度制定的系統性，可以使規章制度完善、健全，在具體操作中，應事先突出整個框架結構，然後再分部門、分層次地加以完善，最好將其融為一體，經過一段時間整合之後，確定執行力度、尺度，以及規章制度保證互不矛盾，才能頒布，還須在試行一段時間後，聽取各方面意見，加以完善、健全。

　　（二）可行性原則

　　規章制度必須是具體的、可以執行的，而不能是「空中樓閣」、「水中映月」，抽象泛泛而談。不能執行的部分應立即廢止，否則規章制度就不完善，就會破壞規章制度的權威性。

　　（三）平等性原則

　　在制定規章制度時，平等性的原則是很重要的，應講究「君子犯法與庶民同罪」，必須堅持「無例外原則」，切忌有人凌駕於規章制度之上，否則，規章制度就缺乏可信性，執行起來自然缺乏力度。

　　（四）權威性原則

　　規章制度的權威性包括兩層含義：一是規章制度的制定、頒布，必須是被授權的人或組織，即此項工作必須是嚴肅的、科學的；二是規章制度一經實行必須堅決、毫不含糊。

（五）強制性原則

在規章制度中，必須包含對違反者的處罰條款，並授予執行人員、部門以強制性的權力，保證規章制度的執行。

（六）否定舊原則

新的規章制度一經實行，舊的規章制度自然被更替，有特殊情況須特別註明。否則，新舊規章制度混淆交錯，就會使管理失去標準，導致無章可循。

（七）可監督原則

在制定規章制度時必須確立好監督手段，使規章制度有準確、靈敏的檢查回饋機制，這樣不但可以保證規章制度的執行，而且可以使規章制度得到較好的完善，不會像「繡花枕頭」那樣中看不中用，形同虛設。

（八）可衡量原則

規章制度只有具備可衡量性才能真正產生效用，由此，制定規章制度時，必須做到：有尺度、有標準，能區分違反與不違反，可以量化的應儘量量化。

（九）持續性原則

規章制度實行之後，在任何時間階段，其尺度、標準都應相同，不應說變就變，讓人無所適從，若發現尺度、標準不適用，應明文修改，正式頒布。

（十）彈性新原則

因為沒有一條規章制度可以精確地限定一項事務，所以規章制度應允許在一定的範圍內有迴旋的餘地，是具有彈性的。但這種迴旋和彈性是有限的、積極的，它不是為了與規章制度對立，而是為了提高效率，增加解決問題的靈活性和可能性。

智者慧語

沒有規章制度，就沒有管理。但千萬別以為，只要隨便制定一項規章制度，就會自然產生好的效果。只有認清誤區，遵循以上原則制定出來的規章制度，才能真正得到貫徹實施，達到你所預想的目標。

連結解讀

原文精華

子墨子曰：「天下從事者，不可以無法儀，無法儀而其事能成者無有也。雖至士之為將相者，皆有法，雖至百工從事者，亦皆有法。百工為方以矩，為圓以規，衡以水，直以繩，正以懸，無巧工不巧工，皆有此五者為法。巧者能中之，不巧者雖不能中，放依以從事，猶逾已。故百工從事皆有法所度。」

—— 《法儀第四》

今譯

墨子說：「天下做事的人，不可以沒有法度禮儀，沒有法度禮儀，而事情能成功的，那是從來沒有的事。即使是士人做了將

軍、國相，也都有法度，就是各種做工的工匠，也都有法規。各類工匠畫方形用矩，畫圓用規，取平衡用水平儀，畫直線用墨繩，量偏正用懸垂，無論是巧工或不是巧工，都用這五種方法。能工巧匠能適合這些法則，不是能工巧匠雖然不能適合，可是模仿做這些事，仍然勝過自己亂做的。因此，各種工匠做事都有法則。」

天下從事者，不可以無法儀。

——墨子·《法儀》

《韓非子·五蠹》中有：「以法行刑而君為之流涕，此以效仁，非為治也。夫垂泣不欲刑者，仁也；然而不可以不刑者，法也。」意思是說，按照法律而施行刑罰，卻為之悲痛，這好像是一種仁愛的表示，但不能治理天下。悲痛哭泣，不想對罪犯施加刑罰，是仁愛；然而不能不對罪犯施加刑罰，乃是法律。

無規矩不成方圓，法度就是規矩。法度為本，賞罰須公正嚴明。

二十二 管理中的「熱爐法則」

「熱爐法則」，即當下屬在工作中違反了規章制度，就像去碰觸一個燒紅的火爐，一定要讓他受到「燙」的處罰。

子墨子言曰：「今大者治天下，其次治大國，而無法度，此不若百工辯也。」

——語出《墨子·法儀》

墨子認為治國不能沒有法度禮儀，而對法度禮儀的執行應該嚴格，墨子主張賞罰分明。

對企業而言，不能沒有規章制度，而規章制度的執行也應該嚴格。制訂出來的規章制度不能成為擺設，身為管理者，應該以有效的手段保證其得以貫徹落實，一旦發現有人違規，便加以懲治，絕不手軟。

對違反規章制度的人進行懲罰，必須照章辦事，該罰一定罰，該罰多少即罰多少，容不得半點仁慈和寬容，這是樹立領導威信的必要手段，這種懲罰原則在管理學中稱為「熱爐法則」。「熱爐法則」是一套被頻繁引用的規則，它能指導管理者有效地訓導員工。這一規則因觸摸熱爐與實行訓導之間有許多相似之處而得名。

首先，當手觸摸熱爐時，觸摸者就會得到即時的反應：灼痛。使大腦毫無疑問地在原因與結果之間形成聯繫。其次，觸摸者得到了充分的警告，知道一旦接觸熱爐會發生什麼問題。再次，其結果具有一致性。每一次接觸熱爐，都會得到同樣的結果——會被燙灼。最後，其結果不針對某位具體個人，無論是誰，只要接觸熱爐，都會被燙灼。

訓導與此十分類似，以下為開發企業訓導技能的核心原則：

（一）即時性

如果違規與懲處之間的時間間隔延長，就會減弱訓導活動的效果。在過失之後訓導越迅速，員工就越容易將訓導自己的錯誤聯繫在一起，而不是將訓導與訓導的實施者聯繫在一起。當然，

即時性的要求不應成為過於匆忙的理由，公平而客觀地處理，不應視為權宜之計從而大打折扣。

（二）事先警告

作為管理者，在進行正式的訓導活動之前有義務事先給予警告，也就是說，必須首先讓員工了解到組織的規章制度，並接受組織的行為準則。

（三）一致性

公平地對待員工，要求訓導活動具有一致性。如果訓導的實施者以不一致的方式處理違規，則會喪失規章制度的效力，降低員工的工作熱情，員工對自己的工作能力也會發生懷疑。另外，員工的不安全感也會使生產力受到影響。

（四）不針對具體個人

「熱爐」法則的最後一項是應使訓導不針對個人。處罰應該與特定的過錯相聯繫，而不應與違犯者的人格特徵聯繫在一起，也就是說，訓導應該指向員工所做的行為，而不是員工自身。

智者慧語

任職於美國頂尖諮詢公司麥肯錫管理的諮詢顧問布萊爾·奧森博士的經驗是：一旦採取堅決措施，便變得冷酷無情。即使自己心中不忍，但又不得不懲罰某人時，也並不因強烈的內疚而變得猶豫不決。這樣做，也是在向眾人顯示，我的做法是完全正確的。

連結解讀

原文精華

今大者治天下，其次治大國，而無法度，此不若百工辯也。

——《法儀第四》

今譯

現在大的到治理天下，其次到治理國家，卻沒有法度可循，這還不如百工聰明。

節用篇

　　「節用」是墨子的經濟學說。墨子的經濟學說，以「節用」為方法，「公利」為目標，在物質生活方面，要求達到「百姓皆得暖衣飽食，便寧無憂。」墨子對於「節用」，定下了兩個標準。第一標準是：「凡足以奉給民用則止。」墨子認為人類的欲望，當以維持生命所必需的最低限度為標準，若超過這個限度，就叫做奢侈。第二標準是：「諸加費不加利於民者弗為」；「凡費財勞力不加利者不為也」。墨子認為生產一種東西，是要費資本、費勞力的。那麼，他要問，所費去的資本勞力能夠增加多少效用；將所費去的，和所增加的兩相比較，能否相抵而有餘。如果不能增進利益，那就不值得去做了。綜上所述，墨子反對奢侈，但不反對生產。「其力時急，而自養儉」，「其生財密，其用之節」，都是表示「積極生產」與「消極節約」的不可分。所以墨子的「節用」主義，不只在消極方面以省儉為主，同時在積極方面重視生產。

▌二十三 人才與職位要相稱

　　古人云：「君子所審者三，一曰德不當其位；二曰功不當其祿；三曰能不當其官，此三者乃治亂之源也。」可見，能當其位是任人的重要原則，是判斷領導者任人是否正確的首要標準。

　　子墨子言曰：「凡天下群百工，輪車、鞄、陶、冶、梓匠，使各從事其所能。」

　　　　　　　　　　　　　　　　　——語出《墨子·節用中》

《墨子·節用中》篇有：

「凡天下群百工，輪車、鮑、陶、冶、梓匠，使各從事其所能。」

意思是說，凡是天下百工，如造輪車的、製皮革的、燒陶器的、鑄金屬的、當木匠的，使各人都從事自己所擅長的技藝。

《墨子·耕柱》中也有：

「譬若築牆然，能築者築，能實壤者實壤，能欣者欣，然後牆成也。為義猶是也，能談辯者談辯，能說書者說書，能從事者從事，然後義事成也。」

譬如築牆一樣，能建築的就建築，能填土的就填土，能測量的就測量，這樣牆才可以築成。行「義」也是如此，能談辯的就談辯，能解說典籍的就解說典籍，能做事的就做事，這樣「義」事也就可以辦成了。

墨子是強調因人之才合理分工，各盡所能，將每個人置於最適合的崗位工作，這樣才能使整體利益最大化。

企業任人時，領導者對人才也一定要量體裁衣。既不能讓統御千軍的將帥之才去做伙頭軍，也不能讓縣衙之才去當宰相；既不能讓溫文儒雅、坐談天下大事的文官去戰場上馳騁，也不能讓叱吒風雲、金戈鐵馬的武將成天待在宮廷內議事。而應該辨清各自的特長，派其到相符的地方或授予相應的職位。

不當其位，大材小用或者小材大用都是任人失敗之處。不當其位，當然就無法發揮人才的長處，空有滿腹經綸卻無處施展；

大材小用造成人才的極大浪費，必挫傷人才的積極性，使其遠走高飛，另謀高就；小材大用只會把原來的局面越弄越糟，成為企業發展路上的絆腳石。「用人必考其終，授任必求其當」，古人已經為現代領導者們做出了榜樣。

狄仁傑就是一位善於任人的官吏。有一天，武則天問狄仁傑：「朕欲得一賢士，你看誰能行呢？」狄仁傑說：「不知陛下欲要什麼樣的人才？」武則天說：「朕欲用將相之才。」狄仁傑說：「文學之士溫藉，還有李嶠等，都可以選用；如果要選用卓異奇才，荊州長史張柬之是大才，可以任用。」武則天於是擢升張柬之為洛州司馬。過了幾天，武則天又問賢，狄仁傑說：「臣已推薦張柬之，怎麼沒任用？」武則天說：「朕已提拔他做洛州司馬。」狄仁傑說：「臣向陛下推薦的是宰相之才，而非司馬之才！」武則天於是又把張柬之升遷為侍郎，後來又任他為宰相。事實證明，張柬之沒有辜負重任。可見狄仁傑多麼懂得任人應當其位的道理！在考慮能當其位的過程中，領導者不能僅僅以人才能力的高下來衡量，還得考慮人才的性格、品行。如果此人性格懦弱、不善言辭，則不宜讓他擔任公關和推銷方面的任務；如果他處事較隨意，且常出一些小錯，不拘小節，就不應任用他做財務方面的工作；如果品行不太端正，愛占小便宜，且比較自私，對這種人尤其要小心任用，最好不要委以重任或實權，而應使其處於眾人的監督之下，不至於危害大局，一旦發現其惡劣行為，立即嚴懲不怠，絕不心慈手軟，以防止「一顆老鼠屎攪壞一鍋湯」。所以，作為領導者，在任人時一定要就人才的能力、性格和品行等方面綜合考慮，再授予其一個適當的位置。

此外，領導者還須考慮一個重要因素，即年齡。一些工作崗位可能有兩人可以勝任，一個年輕，一個年長。對此，領導者就應該考慮年輕人和中老年人在性格上的差異：年輕人熱情奔放，充滿活力，且敢闖敢拚，創造力強；中老年人沉穩、冷靜、忍耐力強，且經驗豐富、老道。年輕人缺乏的是經驗，中老年人缺乏的是闖勁。了解到這些，領導者就可以根據該項工作的特徵確定合適的人選。

同時，領導者還不能忽視年齡層次問題，機關部門、事業單位的年齡層次可以適當偏大一些，畢竟還是老的辣。而企業的年齡層次宜年輕化一些。對企業領導者，如果發現有幾人都能勝任某一項工作時，可儘量任用年輕人，因為年輕人精力充沛，後勁十足，工作年限還很長，而年紀較大的人可能即將離任。這樣就可避免企業出現人才斷層，有利於企業持續快速發展。

智者慧語

只有人才與職務相對應搭配，才能讓你得到一位有勝任能力的部屬。否則，輕則影響人才的發揮，重則造成人才流失，甚至使企業元氣大傷。

連結解讀

原文精華

凡天下群百工，輪車、鞄、陶、冶、梓匠，使各從事其所能。

——《節用中第二十一》

今譯

凡是天下百工，如造輪車的、製皮革的、燒陶器的、鑄金屬的、當木匠的，使各人都從事自己所擅長的技藝。

原文精華

譬若築牆然，能築者築，能實壤者實壤，能欣者欣，然後牆成也。為義猶是也，能談辯者談辯，能說書者說書，能從事者從事，然後義事成也。

——《耕柱第四十六》

今譯

譬如築牆一樣，能建築的就建築，能填土的就填土，能測量的就測量，這樣牆才可以築成功。行「義」也是如此，能談辯的就談辯，能解說典籍的就解說典籍，能做事的就做事，這樣「義」事也就可以辦成功了。

雜守篇

墨子既是思想家，又是政治活動家，一生奔波於各諸侯國之間，宣揚「兼愛」、「非攻」，反對戰爭並力主防禦，即用防禦戰爭反對侵略戰爭，實現「和平」。據《墨子》一書記載，他曾成功地阻止了齊伐魯、魯攻鄭、楚侵宋這三次即將爆發的戰爭，顯示出了其超人的智慧和膽識。墨子阻止諸侯間的攻伐，並不一味地依賴於說教，他深知諸侯爭霸，有些戰爭很難避免。因此他帶領弟子創造了積極防禦的軍事學說，這些學說主要載於《墨子》中《備城門》、《備水》、《雜守》等專門的軍事著作中。

▌二十四 用最合適的人，而非最完美的人

俗話說：「尺有所短，寸有所長。」人有所長，也有所短。如果一個領導者的手下個個都是人才，多才多藝，完美無缺，這個領導者也就太好當了！事實上，完美的人才並不存在，也正是這一點，考驗著一個領導者用人的才幹。

子墨子言曰：「守必察其所以然者，應名乃內之。」

——語出《墨子·雜守》

《墨子·雜守》篇中有：

「有讒人，有利人，有惡人，有善人，有長人，有謀士，有勇士，有巧士，有使士，有內人者，有外人者，有善人者，有善門人者，守必察其所以然者，應名乃內之。」

意思是說，世上有讒間之人，有愛利之人，有壞人，有好人，有具有專長的人，有擁有謀略的人，有勇武果斷的人，有聰明靈巧的人，有可以奉使的人，有能容人的人，有不能容人的人，有善於待人的人，有善於戰鬥的人，守城將領一定要考察他們因何具有那樣的品性和專長，名實相符才能接納他們。

「內之」，即「納之」。在墨子看來，為了守城，應該容納所有這些人。這完全符合現代用人原則，即用最合適的人，而非最完美的人。

按照最理想的用人法則，充分地提升每位下屬的積極性是企業領導者的工作目標。因此，試圖讓下屬成為全才往往是企業領導者的主觀願望。但是，在這種良好的主觀願望中，潛藏著一種用人之忌，即求全責備。

有沒有十全十美的人才？當然沒有。可是，有的領導者卻執意要發現一個十全十美的人才，因而顯得對下屬過分挑剔、求全責備，結果，往往使下屬感到無法容忍。因此，作為一名力求獲得充足人力資源的企業領導者，應當切記，不要對下屬求全責備！否則，就會給企業造成人才匱乏。

有人說，領導用人之大忌就是全面要求下屬的工作能力都得到均衡發展，實際上這不是行之有效的用人之道，相反卻是一種苛求主義的領導觀念。實際上，金無赤足，人無完人，人各有所短，如果果求全責備，挑剔缺點，就很難識別人才。一個人，往往長處突出，短處也突出。對於德才兼備，我們也不要絕對化，要做到看主流，在選拔人才時如果能見其所長、避其所短，就能真正發現人才，使用人才。尤其要特別注意發現那些雖有缺點，但

有才能的人。一個人的優點和缺點常常是互相彰顯的,有時,甚至才幹越高的人,其缺點可能越引人注目。例如一個進取心強,敢冒險,敢闖前人沒有走過的路的人,有時難免有處理事情不周不細的毛病;一個有魄力,有才幹,不怕閒言碎語,不怯習慣勢力的人,難免有時顯得過於自信和驕傲;一個有毅力,有拚勁,不達目的誓不罷休的人,難免有時主觀、武斷。對這些人,如果我們求全責備、棄而不用,那麼,就會失去一大批精明能幹、勇於開拓的人。克雷洛夫有一篇寓言,說一個人因為怕剃刀快,而棄之不用,改用很鈍的鐮刀刮鬍子,結果不僅鬍子沒有刮乾淨,還刮得滿臉是血。克雷洛夫最後寫道:「我看好多人也是用這種眼光來衡量人才的,他們不敢使用一個真正有價值的人,光蒐集一幫無用的糊塗蟲。」我們要從這個寓言中得到啟示:所謂「一個真正有價值的人」並非那種毫無缺點的人,而是指那些能在某一方面非常突出的人才——這種人才能夠勝任其職,成績顯著。但是如果脫離這種人才自身素質的特點,隨意任用,往往就會破壞其才能與專長,結果只會適得其反。

世間最為推崇的是德才兼備之人,古代甚至謂之為「聖人」。但是我們往往不能如願地擁有德才雙全之人,那麼就只能退而求其次了。除聖人外,德與才的組合還會出現幾種類型:德勝於才者,可以稱為善人;才勝於德者,只能稱為能人;德才皆顯不足者,人皆視之為愚人。所以現代用人不必都賢,取一則可。所謂「賢」,實際上就是指某人超出一般的工作能力。

　　(一)對有才能的下屬來說,不必各個方面皆是出類拔萃的,重要的是在某一方面要有突出的工作理念和方法,而且在某一方

面有幾個才華超群者，正是構成現代企業精神的靈魂，可以推動企業的發展。假如有意圖地給這樣的人才灌輸德育知識，簡直可謂畫龍點睛之筆。

（二）對於受過教育而有專長的下屬，首先要求他必須忠誠正直，然後才要求他聰明能幹。如果是一個有才幹而又奸詐的人，這種人就不可接近。意即選用人才要堅持先德後才的原則。

（三）對於無私欲的下屬，可以任用其管理政務。因為秉公行事是一個企業持續發展的內在原則。

（四）對德才兼備、實績卓著的下屬給予提拔，對德才低劣又無實績的下屬予以免職，對德才適中政績不突出的，讓其原職不動。

上述四項原則，是現代企業領導者用人必須考察的基本原則。儘管我們主張德才兼備，但是更希望把這種主張作為培養企業人才的目的，做到把有德之人塑造成有才之人，把有才之人塑造成有德之人，用寬容的態度鼓勵他們在某一方面盡顯其能，填補企業的「智力空缺」。因此，企業領導者寬容地對待下屬，洞悉他們的才能和品性，盡其所能，盡其所用，是使企業全面發展的動力。這種「整體原則」恰好與求全責備的狹隘主義相反，是一種非常有效的激勵原則。如果僅僅求全責備，只會讓下屬寒心，破壞下屬的積極性和創造性，必然會對你避之唯恐不及，哪裡還談得上為你出謀劃策，貢獻才能呢！

智者慧語

人才，不是白璧無瑕的完人，他們各有自己的優點和缺點、長處和短處。例如，有的懂業務技術，有的善於做思考規劃工作；有的精通某種專業，有的具有多方面的才幹；有的懂專業但缺乏組織領導才能，有的兩者兼而有之；有的適合做主管，有的適合做副職。上司的職責，就是按照他們不同的長處與特點，量才使用，為各類人才提供最能充分施展才能的機會和條件，使人盡其才、人盡其用。

連結解讀

原文精華

有讒人，有利人，有惡人，有善人，有長人，有謀士，有勇士，有巧士，有使士，有內人者，有外人者，有善人者，有善鬥人者，守必察其所以然者，應名乃內之。

——《雜守第七十一》

今譯

世上有讒間之人，有愛利之人，有壞人，有好人，有具有專長的人，有擁有謀略的人，有勇武果斷的人，有聰明靈巧的人，有可以奉使的人，有能容人的人，有不能容人的人，有善於待人的人，有善於戰鬥的人，守城將領一定要考察他們因何具有那樣的品性和專長，名實相符才能接納他們。

尚同篇

　　「尚同」是墨子在政治方面的主張之一。「尚同」的「尚」字，和「上下」的「上」字相通。「尚同」乃是「下同於上」、「取法於上」的意思。與「下比」相對。墨子「尚同」的基本內涵是：自上而下，逐級統一思維和行動，在集中的指導下，發揚一定程度的民主。墨子說：「上之所是，必亦是之；所非，必亦非之。已有善，傍薦之；上有過，規諫之。尚同義其上，而毋有下比之心。」墨子「尚同」的主張，也是為了平息戰國時代紛爭局面而提出來的，他想以尚同主義建立一個強有力的大一統政府。

▋二十五 「金字塔」管理法

　　企業的管理架構就像一個「金字塔」，每一層的職能都有著嚴格的區分。許多企業都在運用「金字塔」管理法，然而效果卻不佳，這是因為沒能真正理解「金字塔」管理法的精髓，忽視了「金字塔」管理法的要點。

　　子墨子言曰：「選天下之賢可者，立以為天子。天子立，以其力為未足，又選擇天下之賢可者，置立之以為三公。」

——語出《墨子·尚同上》

　　《墨子·尚同上》中有：

　　「選天下之賢可者，立以為天子。天子立，以其力為未足，又選擇天下之賢可者，置立之以為三公。……故畫分萬國，立諸

侯國君。諸侯國君既已立，以其力為未足，又選擇其國之賢可者，置立之以為正長。」

墨子的意思是，首先選擇天下最賢能且可勝任的人為天子，次而選擇天下賢能之人為三公，進而選擇天下賢能之人為諸侯國國君，最後選擇諸侯國賢能之人為行政長官。

墨子是讓最賢能的人擔任最重要的職務，次而選擇其賢擔任次一級的職務，再而選擇其賢擔任更次一級的職務。

從墨子的主張中，我們可以看出其唯才是舉、人盡其用、才職相稱的思想。除此之外，我們還可以從中體會到管理學中的「金字塔」管理法。

簡單來說，企業「金字塔」管理的架構是：

最上層：決策者、總經理。

中間層：中層管理者（部門經理、工廠主任等）。

最下層：一線工作人員，也叫作政策的執行者。

事實上，許多企業都在運用「金字塔」管理法，但是，由於忽視了這種管理方法的要點，從而導致諸多的弊病，阻礙了企業的發展。企業運用「金字塔」管理法，必須注意以下幾點：「金字塔」，首先要有堅實的塔基。

在企業中，領導者就是「金字塔」的塔尖，在塔尖上看起來很威風，但要知道，沒有塔基，塔尖就不可能存在。

本田公司實行「金字塔」管理法：從「金字塔」塔基——工人起，往上是工廠主任、科室主管，直至總經理、董事長。作為

董事長，本田宗一郎處於「金字塔」塔尖地位，他深深地意識到：「金字塔」，首先要有堅實的塔基。

本田宗一郎是如何讓「金字塔」具有堅實的基礎呢？

（一）用「慈愛主義」來對待他的員工，以換得下屬對公司的忠誠

在本田公司裡，員工們所得到的報酬是日本汽車業最高的，每年還發兩次獎金及許多物品，供給員工住宅，安排度假，提供收費低廉的醫療保健。全體員工擁有公司股權的一〇％以上；此外，大部分員工擁有本公司生產的摩托車和汽車。

（二）設法將自動機械工業界年輕的優秀人才集中到他的周圍

該公司職工的平均年齡是二十四點五歲，遠比「三菱」的三十四歲和「日產」的三十歲年輕；該公司的年輕人才到三十五歲的時候便大多升任主管了，而在日本其他公司，則要等到四十五歲左右。

（三）關心員工的全面發展

對於服務滿三年的新工人，他努力使他們的工作有所變換，以避免在同一職位上重複同一操作。這樣不僅避免了單調厭煩心理，可以引發新的工作興趣，也擴大了技術方面的知識，學到廣泛的本領。本田公司還有一種提建議的制度。任何一名職員都可以提，由本人認真地填寫一張專用表格，詳細闡明自己的構思。建議被送到一個叫「部門委員會」的機構討論、審核。這種部門委員會由專家、專業人員、工程師、顧問組成。一旦審查批准，

認為可行，建議人就可按其建議的重要程度，得到一定數量的「分」。一個職工，一旦累積了三百分，即可獲得國外旅行一次的獎勵，並結合平時的工作表現，按「塔層」逐級提升，或是被調到研究部門工作。

（四）注意培養員工們的「公司榮譽感」和積極性

在公司裡陳列著那些在世界各地競賽中得來的獎品，輪胎已磨損了的摩托車和汽車，宗一郎的賀信以及本田在外參加競賽的最新消息。在布告欄上，還有對本田車輛設計或製造提出改進意見而獲獎的職工的照片——全公司每年有十萬餘筆合理化建議，平均每人六筆以上。

有了堅實的塔基，還要實施「升降機式領導方式」才能發揮效用。

在「金字塔」中，領導者處於塔尖地位：一是居高臨下，直接俯視整個企業機器的運轉情況；一是坐著「升降機」，一下子沉到企業底層，觀察、研究企業決策實施的效果和新出現的問題，再乘著「升降機」逐層上升，每一塔層都停留一下，親眼目睹某項工作和政策的進展情況，聽取那裡的意見。回到塔尖後，再以雙重視角來體察一切——縱看橫看，上看下看，既是普通工作者或工廠主任，又是研究人員、經理、董事長，再做出新的決策。

本田宗一郎在努力使「金字塔」具有堅實的基礎之後，便非常重視「升降機式領導方式」。本田摩托車在占領了日本國內市場大部分的占比後，宗一郎便想到了世界市場。當時，英國的摩托車工業居世界前列。一九五四年，他到英國考察，並採購機械

工具。他在賽車場上見到英國生產的三十六馬力二五〇 C.C. 的摩托車，兩相比較，差距很大。回到日本後，他親自主持，矢志要研究出一種能夠在摩托車賽中獲得大獎的摩托車。他坐著「升降機」沉到「塔基」，徵求員工們的意見，與他們一起將日本國內外摩托車反覆進行對比，終於在一九五八年研製出了「C-100型超級小狼」摩托車。這種摩托車一面世立即獲得好評，很快就暢銷全世界，迄今已生產一千兩百多萬輛。在一九五九年摩托車奧運大賽上獲得製作獎，一九六一年囊括二五〇 C.C. 級摩托車世界比賽的前五名，接著，訂單像雪片似地飛進宗一郎手中。

占領世界摩托車市場後，宗一郎又依靠他的「升降機式領導」，向汽車行業進軍。一九六三年，本田公司生產出第一批汽車。但二十世紀六〇年代後期，日本汽車業市場極不景氣，一片混亂。當時，外國資本湧入日本，日本經濟受到嚴重影響，許多勢單力薄的日本汽車製造商，紛紛尋找大廠合併，以求自保。「本田」在這種情況下進入汽車市場，當然帶有很大的冒險性。一九七〇年，美國修訂「淨化空氣法案」，決定於一九七五年起將實行嚴格的汽車排廢標準。這為「本田」帶來了契機。宗一郎又坐著「升降機」沉到「塔基」……結果研製出了「複合可控漩渦式燃燒」新裝置。一九七五年，當裝有這種裝置的新型本田汽車問世時，工程技術界引起了一陣轟動。一個月後，「石油危機」爆發了。本田汽車的新式引擎由於能保證汽油充分燃燒，最省汽油，成為世界汽車產品中的佼佼者。一九八〇年底，美國機械工程師學會將一枚荷利 (HOLLEY) 獎章頒贈給宗一郎。他是繼亨利·福特後，世界上第二個榮獲該獎章的汽車工程師。

智者慧語

優秀企業成功的經驗值得借鑑。本田公司實行的「金字塔」管理法，可以說是極為成功的一例。但切記，並不是讓你直接套用，而要從中尋找適合自己企業的管理方式。只有適合自己的，才是最好的。

連結解讀

原文精華

選天下之賢可者，立以為天子。天子立，以其力為未足，又選擇天下之賢可者，置立之以為三公。

——《尚同上第十一》

今譯

選擇天下的賢人，立他為天子。天子確立後，認為他的力量還不夠，又選擇天下的賢者，立他們為三公。

▌二十六 「倒金字塔」管理法

「人人都想知道並感覺到他是別人需要的人。」「人人都希望被作為個體來對待。」「給予一些人以承擔責任的自由，可以釋放出隱藏在他們體內的能量。」「任何不了解情況的人是不能承擔責任的；反之，任何了解情況的人是不能迴避責任的。」「倒金字塔」管理模式就是在這樣一種思維的指導下產生的。

子墨子言日：「故畫分萬國，立諸侯國君。諸侯國君既已立，以其力為未足，又選擇其國之賢可者，置立之以為正長。」

——語出《墨子·尚同上》

在《墨子尚同上》中，墨子提出了「天子—三公—諸侯國君—行政長官」的國家管理架構，如果還有一個層次，毫無疑問，那必然是「普通百姓」。這一管理架構極其符合企業「金字塔」管理的架構，可見，墨子具有非凡的先見之明與高超的遠見卓識。

在思考如何運用墨子兼愛非攻思想指導企業管理的時候，瑞典許多經營管理書籍中講到另一種管理方法，即「倒金字塔」管理法。這是一種與「金字塔」管理法相反的管理方法，瑞典媒體譽之為「世界級的管理方式」。

「倒金字塔」管理法最早誕生於瑞典的 SAS 公司，也就是北歐航空公司。這個航空公司當時負債累累，一個叫楊·卡爾松的瑞典人受命於危難之中。在三個月以後，卡爾松腦子裡形成了一個計劃，他宣布：為了使 SAS 公司扭轉目前的虧損局面，公司必須實行一種新的管理方法。他為它起了名字叫作「Pyramid Upside Down」，我們簡稱為「倒金字塔」管理法。

一般的企業都是按「正金字塔」的模式進行管理的，最上面這一層是總經理，或者是叫決策者，中間這一層叫中層管理者，最下面這一層是一線人員，或者稱為政策的執行者。上面是決定政策的人，下面是執行政策的人，概念很清楚，現在很多企業採用的都是這種管理方法。那麼當時卡爾松為什麼決定把這個顛倒過來呢？因為他發現要把公司做好，關鍵在於員工，他個人認為

是這樣，在管理學上認為一個企業能不能經營好，管理者是最重要的。卡爾松在這個「倒金字塔」管理架構的最下面，他為自己命名為政策的監督者，他認為公司的總目標一旦制定出來之後，總經理的任務就是監督、執行政策，達到這個目標。「倒金字塔」的中層管理人員不變，最上面這一層是一線工作人員，卡爾松稱他們為現場決策者。

「倒金字塔」管理法的總的含義是「給予一些人以承擔責任的自由，可以釋放出隱藏在他們體內的能量」。那麼這種管理方法出現了什麼效果呢？SAS 公司採用這種方法三個月之後，公司的風氣就開始轉變，他開始讓員工感覺到：「我是現場決策者，我可以對我分內負責的事情做出決定，有些決定可以不必報告上司。」把權力、責任同時下放到員工身上，而卡爾松作為政策的監督者，他負責對整體進行觀察、監督、推進。

案例一

有個美國商人叫佩提，這一天他接到通知要搭乘飛機從斯德哥爾摩到巴黎參加地區會議。瑞典的國際機場，即阿蘭德機場，距離斯德哥爾摩市七十公里，當佩提先生到達機場後，一摸口袋，臉變了顏色，發現沒帶機票。正在這個時候，SAS 公司的一位小姐緩緩走來問要不要幫助，佩提顯得很不耐煩地說：「你幫不了。」可是小姐還是笑瞇瞇地說：「您說出來，或許我能幫助你。」佩提說他沒機票，沒想到這位小姐說：「您沒帶機票呀，這事很好辦，您先告訴我機票在哪兒？」他說在某某飯店九二二號房間，小姐給了他一張紙條，讓他拿著先去辦登機手續，剩下的事情由她來處理。佩提先生到了登機的地方，很順利就辦好了手續，

拿到了登機證，過了安檢，到了候機廳。當飛機還有十分鐘就要起飛的時候，剛才那位小姐把他的機票交給了他，佩提先生一看果然是自己落在飯店的機票。那位小姐是怎麼把機票拿到的呢？她撥通了飯店的電話後是這樣說的：「請問是某某飯店吧，請你們到九二二號房間看看是否有一張寫著佩提先生名字的機票？如果有的話，請你們用最快的速度用專車送往阿蘭德機場，一切費用由 SAS 公司支付。」是什麼力量使她這樣做呢？就是「倒金字塔」管理法，因為卡爾松把權力充分地賦予了一線工作人員。結果不久之後，那位熱情的小姐被提拔為市場部經理，而佩提先生則到處在為 SAS 公司做活廣告。

案例二

德國人艾森·侯波從柏林到法蘭克福轉機，又搭乘 SAS 公司的飛機趕到斯德哥爾摩辦事。在機場他找到了值班經理，怒氣沖沖地說：「SAS 公司很糟糕，你們看看，把我的行李箱摔成這樣！」經理看到行李箱上是有一個嶄新的傷痕，再仔細看了之後，他笑著對德國人說：「先生，實在對不起。這樣吧，您能不能等我幾分鐘？」十分鐘後，經理拿來一個基本和客人原來的是一樣的行李箱，對他說：「這個行李箱就作為 SAS 公司送給您的一件禮物吧，請收下。」德國客人想了想，拿著箱子走了。

這個德國人晚上翻來覆去地想，心裡很不好受。第二天帶著新箱子找到那位經理道歉，經理趕忙說：「您別說了，我都知道，我已經說了，就作為一件禮物請您收下。」德國人很驚奇：「你怎麼知道呢？」經理笑了笑說：「您昨天拿的行李箱的裂痕確實是新摔的，但不是我們公司摔的。因為行李箱在上飛機之前我們

都是要檢驗的，如果行李箱已經有裂痕或者破損的情況，旁邊要貼有標記。而我在您的行李箱上看到了這個標記。」德國客人臉紅地說：「我的行李箱是在法蘭克福摔壞的，找他們，他們不承認，到阿蘭德機場本來想跟你們出氣，但沒想到你們會這樣處理。我回去之後都要鼓勵大家坐 SAS 公司的飛機。」這也是「倒金字塔」管理法在起作用，在 SAS 公司處處都能感受到員工們那種自信和自豪，他們有著非常明確的奮鬥目標，而且總裁卡爾松帶領他們朝著這個目標邁進。

案例三

在 SAS 公司門口有一個警衛，是個五十多歲的老職員，精神抖擻地站著，他的胸前別著一枚很精緻的雞心別針，這是怎麼回事呢？原來卡爾松覺得公司的情況已經基本扭轉，應該獎勵給員工一些東西。他想了想對祕書說：「去訂作精緻的雞心別針，每個員工一枚，不能以發送的形式下發，按照每個人的住家地址，透過郵局寄給他（她）的配偶。」當老員工回到家裡的時候，老伴衝上來抱住他狠狠地親了一口，還說：「湯姆，你真棒！」老員工感到莫名其妙。老伴這才說：「你知道你們的總裁給我們寄來了什麼？」湯姆一看，原來是一枚精緻的雞心別針，還有一張紙條，上面寫著：

尊敬的湯姆遜太太：

感謝您一年來對湯姆遜先生的工作的全力支持，使得北歐航空公司的工作取得了很大的成就。我謹代表我個人向您表示衷心的謝意。

楊·卡爾松（親筆簽名）

老湯姆看了激動不已，他只是個普通的警衛。老倆口激動得一邊喝酒慶祝一邊探討：「我今後要怎麼做才對得起總裁對我的關心呢？」

在楊·卡爾松採用了這種新的管理方法的一年之後，北歐航空公司盈利五千四百萬美元。這一奇蹟在歐洲、美洲等廣為傳頌。同時「倒金字塔管理法」也在世界管理領域引起轟動，為管理者們提出了更加科學的管理思路。

智者慧語

員工才是真正了解顧客需求的人，只有他們才能直接幫助顧客解決問題，只有他們才真正知道怎樣去做好自己的工作。任何力圖面對顧客在「真理的瞬間」創造良好形象的企業，「倒金字塔」管理法都是較好的策略之一。

連結解讀

原文精華

天子、三公既以立，以天下為博大，遠國異土之民，是非利害之辯，不可一二而明知，故畫分萬國，立諸侯國君。諸侯國君既已立，以其力為未足，又選擇其國之賢可者，置之以為正長。

——《尚同上第十一》

今譯

天子、三公都確立後，因為天下廣大，遠方異邦的人民以及是非利害的辨別，還不能一一弄清楚，所以把天下劃分成為萬國，確立諸侯國君，諸侯國君確立後，認為他們的力量不夠，就又選擇他們國中的賢人，立他們做行政長官。

二十七 領導者要傳播遠見和抱負

企業領導者必須將企業的核心價值觀、核心理念等反覆向員工傳播，並使全體員工高度認同，從而形成強大的精神凝聚力。客觀地說，所謂企業文化，也就是透過傳播文化的方式加強對員工思想的同化，從而使員工在認同企業目標的前提下，激發巨大的凝聚力與創造力。

子墨子言曰：「上之所是，必亦是之；所非，必亦非之。」

——語出《墨子·尚同上》

《墨子·尚同上》中有：

「上之所是，必亦是之；所非，必亦非之。上同而不下比者，此上之所賞，而下之所譽也。」

意思是說，上級認為是正確的，大家都必須認為是正確的；上級認為是錯誤的，大家都必須認為是錯誤的。與上級保持一致，而不與下級朋比結黨，這是上級所要讚賞的，而且也是下級所要稱譽的。

這其實就是企業管理的原則，墨子的「尚同」思想與孫子的「上下同欲者勝」的思想是一脈相承的。

對於企業而言，企業領導者要使員工具有同樣的企業思想，自動配合組織行動，這就要求企業領導者傳播遠見和抱負。

領導者必須明白自己在朝什麼方面前進，然後你才能簡潔、清楚地為別人指明方向，而且你必須滿腔熱情地保持自己的方向。所有這些都可以歸結為遠見和抱負，即簡潔地描繪或陳述出企業及全體員工正在朝什麼方向前進，以及為什麼他們應當為此而感到自豪。

傳播遠見和抱負是非常重要的，許多企業並非沒有遠見和抱負，而是領導者忽視了傳播遠見和抱負的重要性。識別裝置公司總裁比爾·穆爾在接任總裁職務的時候，該公司已瀕臨破產。但他只用了幾年時間就實現了轉虧為盈的根本轉變。比爾·穆爾在接受財經雜誌記者採訪時，談到了怎樣實行領導：

（一）領導人必須有遠見卓識，知道你正帶領公司朝什麼方向前進。

（二）你必須能夠把自己心目中的公司遠景在大家面前展示。

（三）主管經理的常犯錯誤是不敢站起來當鼓勵隊長或啦啦隊長。

（四）假如有一個角色是公司主管、主要負責人或總經理應當扮演的，那就是「總推銷員」。

（五）如果問到「你們公司的經營目標是什麼？」從事生產的人和從事市場行銷的人通常回答得不一樣。但是，如果你堅持簡單明瞭且直截了當，你就有可能讓他們以及其他人保持互相理解。

（六）簡單明瞭地直接交換意見應成為領導者的準則。當領導者過分迷信計劃時，必然會把企業經營搞得過分複雜，以至於一般人無法理解。

（七）花些時間把公司計劃向大家講清楚，而不是無休止地去修飾和完善這些計劃，那麼，大家都會做得更好一些。

在此，比爾·穆爾把傳播遠見卓識放於首位。其實，即使是小企業，遠見和抱負以及就此在企業內進行宣傳教育也是一件頭等大事。除此之外，導致成功的遠見和抱負又必定是現實的、可行的，而不是自己胡思亂想的。大多數強有力的領導者，不管是什麼行業、什麼領域，總是為自己設定充滿挑戰性而又有可能實現的遠大目標。即使在最不利的時候，也會堅持自己的遠見和抱負，當然，他們或許會做一點小的改進。

智者慧語

領導的藝術，不僅在於遠見和抱負的具體內容，還在於傳播遠見和抱負的重要性，以及始終不渝並滿懷激情地朝它邁進。而如何實現一個成功的遠景，往往取決於每個企業的具體情況，必須因地制宜。

連結解讀

原文精華

上之所是，必亦是之；所非，必亦非之。上同而不下比者，此上之所賞，而下之所譽也。

——《尚同上第十一》

今譯

上級認為是正確的，大家都必須認為是正確的；上級認為是錯誤的，大家必須都認為是錯誤的。與上級保持一致，而不與下級朋比結黨，這是上級所要讚賞的，而且也是下級所要稱譽的。

所是，必亦是之；所非，必亦非之。

——墨子·《尚同上》

墨子強調「尚同」必須與「尚賢」相輔為用。如果「尚同」而不「尚賢」，則政治不能清明；如果「尚賢」而不「尚同」，則政治不能統一。「尚同」必須與「尚賢」相輔相成，始能建立一個完善的政治機構。

▎二十八 如何處理員工的抱怨

抱怨是一種正常的心理情緒，當員工認為他受到了不公正的待遇時，就會產生抱怨情緒，這種情緒有助於緩解心中的不快。抱怨並不可怕，可怕的是管理者沒有體察到這種抱怨，或者對抱怨的反應遲緩，從而使抱怨的情緒蔓延下去，最終導致管理混亂與矛盾激化。

子墨子言曰：「下蓄怨積害，上得而除之。」

——語出《墨子·尚同中》

《墨子·尚同中》篇有：

「下蓄怨積害，上得而除之。」

墨子的意思是，下級有積蓄起來的怨恨與禍患，上級知道後就應該立即予以排解與消除。

墨子的這一思想，對於當今的企業管理來說是一種寶貴的財富。企業管理者對員工的抱怨也應遵循這一原則——知道後就立即予以排解與消除。

員工有抱怨至少說明了兩點：一是企業在發展中出現了問題，二是員工在成長中有煩惱。而這對於一個企業而言，是很正常的，因為作為企業，總是在不斷地解決問題中成長。管理者大可不必對員工的抱怨產生恐慌，但一定要認真對待。

員工可能會對很多事情產生抱怨，但總體而言，可以分為以下四類：

（一）薪酬問題

薪酬直接關係著員工的生存品質問題，所以薪酬問題肯定會是員工抱怨最多的內容。比如本企業薪酬與其他企業的差異，不同職位、不同學歷、不同業績薪酬的差異，薪酬的成長幅度、加班費計算、年終獎金、差旅費報銷等等都可能成為抱怨的話題。

（二）工作環境

員工對工作環境和工作條件的抱怨，幾乎能包括工作的各個方面，小到企業信箋的品質，大到工作場所的地理位置等等都可能涉及。

（三）同事關係

同事關係的抱怨往往集中在工作交往密切的員工之間，並且部門內部員工之間的抱怨會更加突出。

（四）部門關係

部門之間的抱怨主要因為以下兩個原因產生：部門之間的利益矛盾；部門之間工作銜接不暢。那應該如何處理員工的抱怨呢？

處理員工抱怨的實用方法，可以總結為一個總原則與四個分步驟：

一個總原則：就事論事，尊重任何員工的任何抱怨

有的管理者認為有些員工經常故意搗蛋，故意找碴，對於這樣的員工所謂的抱怨也要尊重嗎？我的回答是也要尊重，你鄭重地處理他的抱怨，再故意搗亂的人也會被感動，以後就不再搗亂了。

四個分步驟：

（一）樂於接受抱怨

抱怨無非是一種發洩，他需要聽眾，而這些聽眾往往是他最信任的那部分人。當你發現你的下屬在抱怨時，你可以找一個單

獨的環境，讓他無所顧忌地進行抱怨，你所做的就是認真傾聽。只要你能讓他在你面前抱怨，你的工作就成功了一半，因為你已經獲得了他的信任。

（二）儘量了解起因

任何抱怨都有他的起因，除了從抱怨者口中了解事件的原委之外，管理者還應該聽聽其他員工的意見。如果是因為同事關係或部門關係之間產生的抱怨，一定要認真聽取當事人的意見，不要偏袒任何一方。在事情沒有完全了解清楚之前，管理者不應該發表任何言論，過早地表態，只會使事情變得更糟。

（三）平等溝通

實際上八○％的抱怨是針對小事的抱怨或者是不合理的抱怨，它來自員工的習慣或敏感，對於這種抱怨，可以透過與抱怨者平等溝通來解決。管理者首先要認真聽取抱怨者的抱怨和意見，其次對抱怨者提出的問題做認真、耐心的解答，並且對員工不合理的抱怨進行友善的批評。這樣做就基本可以解決問題。另外二○％的抱怨是需要做出處理的，它往往是因為公司的管理或某些員工的工作出現了問題。對抱怨者首先還是要平等地進行溝通，先使其平靜下來，阻止抱怨情緒的擴散，然後再採取有效的措施。

（四）處理果斷

需要做出處理的抱怨中有八○％是由管理混亂造成的，由於員工個人失職只占二○％，所以規範工作流程、職位職責、規章制度等是處理這些抱怨的重要措施。在規範管理制度時，應採取

民主、公開、公正的原則。對公司的各項管理規範,首先要讓當事人參加座談共同制定,對制定好的規範要向所有員工公開,並深入人心,只有這樣才能保證管理的公正性。如果是員工失職,要及時對當事人採取處罰措施,儘量做到公正嚴明。

智者慧語

在知識經濟社會,企業的最大化最終是人的最大化,沒有人的最大化,也就沒有企業利潤的最大化。不管是抱怨還是牢騷,總結起來,其實都反映了員工與企業共同價值觀塑造之間的矛盾,與企業協同成長之間的矛盾,與企業新的利益同盟體建設之間的矛盾。員工因為各種原因,會心生牢騷,這種牢騷像傳染病一樣,對公司極其不利。在國外,許多大型的、管理規範的、提倡以人為本的企業,都會定期進行員工滿意度調查。管理者根據回饋結果,了解組織發展中存在的問題,並調整、制定相關政策。這種做法創造了企業的良性發展和員工情緒高漲的「雙贏」效果。

連結解讀

原文精華

下蓄怨積害,上得而除之。

—— 《尚同中第十二》

今譯

下級有積蓄起來的怨恨與禍患,上級知道後就應該立即予以排解與消除。

二十九 領導者要有一個「智囊團」

俗話說：「一個籬笆三個椿，一個好漢三個幫。」一個企業的運作與事業的成功，光靠領導者個人的智慧與才能是不夠的，領導者一定要有一個「智囊團」，來幫助自己出謀劃策、提供建議、做出決定。「智囊團」是領導者的另一個大腦。

子墨子言曰：「助之視聽者眾，則其所聞見者遠矣。」

——語出《墨子·尚同中》

《墨子·尚同中》有：

「使人之耳目助己視聽，使人之吻助己言談，使人之心助己思慮，使人之股肱助己動作。助之視聽者眾，則其所聞見者遠矣；助之言談者眾，則其德育之所撫循者博矣；助之思慮者眾，則其謀度速得矣；助之動作者眾，即其舉事速成矣。」

意思是說，用別人的耳目幫助自己視聽，用別人的嘴幫助自己言談，用別人的心幫助自己思考，用別人的四肢幫助自己動作。幫助視聽的人多，那麼他所見到的和看到的就廣遠；幫助他言談的人多，那麼他的善言所安撫存恤的範圍就廣大；幫助他思考的人多，那麼他的考慮就會很快有所得；幫助他行動的人多，那麼他辦事就會很快成功。

墨子在此是主張領導者要有一個「智囊團」，讓「智囊團」幫助自己視聽、言談、思考和行動。

任何一個企業的領導者都需要「智囊團」的指點與幫助，以避免決策的失誤，提高工作的績效。「智囊團」的出謀劃策，可

以讓企業擁有更為廣闊的生存空間，比起領導者一人的智慧，更勝一籌。

所謂「智囊團」，就是選擇一些學有專長、富有知識和才幹的各類人士，把他們組織起來，為領導決策當參謀、出主意、想辦法。這些智囊人物參與決策，有領導者和其他人不可替代的優勢。

他們有廣博的專業知識，掌握現代科學方法和先進技術，可以集中時間和精力去收集充足的消息資料，對決策問題進行深入分析和多方面比較。

他們所處的特殊地位，使他們觀察處理問題時容易做到客觀、公正。

他們既能為領導者決策提供一系列經過定性、定量分析和可行性論證的可供選擇的方案，又能為領導者設計和調整實施和決策的具體方案。

他們既能收集、分析、篩選、整理資訊，使有價值的資訊迅速而準確地反映給領導者，又能進行科學預測，向領導者適時提出戰備性的建議。

可以毫不誇張地說，「智囊團」已成為現代領導科學決策中不可缺少的因素，沒有「智囊團」參與的決策不可能是最科學的決策。不僅高層領導者的決策如此，一個地區、一個部門在重要問題決策中也是如此。

「智囊團」與其他組織和機構相比較，具有以下明顯的特殊性：

（一）　「智囊團」不是行政機構

「智囊團」雖然可以作為企業的一個部門或機構，但它不承擔日常行政事務，不介入日常管理工作，也不能對下發號施令。它的職能是為領導者決策服務，是向領導者提供資訊、建議、方案，它的主要精力用於研究重大、長遠的問題。因此，不能把「智囊團」人員當成行政人員看待，不能對他們採取與其他部門一樣的領導方式。

（二）　「智囊團」不是領導者的祕書團隊

「智囊團」是由各方面專家組成的「謀士」團隊，是領導者的「外腦」、「智庫」，是專門為領導出謀劃策的，完全不同於祕書團隊。祕書團隊是以領會和貫徹領導者意圖為使命的，並以領會和貫徹的準確性作為評價其工作優劣的基本準則。而「智囊團」是以客觀、科學的研究成果為領導者服務的，能提出多少真知灼見，是評價他們工作優劣的根本標準。如果「智囊團」只會看領導的眼色行事，不敢指出領導者的錯誤主張，就不能成為「智囊」。

（三）　「智囊團」的工作具有獨立性

智囊機構雖是企業的一個部門，智囊人物雖是領導者的下屬，要在領導者的委託和指導下進行工作，但現代「智囊團」是一個相對獨立的研究機構。

「智囊團」在許多時候功不可沒，失去了其支持作用，領導者的自信心往往會有些許低落，或者力不從心，從而阻礙企業的進程。但是，重視「智囊團」，卻不能「照單全收」。如果將「智

囊團」視為「萬能博士」，就會適得其反。某些領導者對「智囊團」唯言是聽、唯計是從，這是一種對自我、對企業都不負責任的做法。

一方面，領導者若沒有自己的判斷分析，不去積極評估事實本身，無疑會讓自己在工作中陷入被動，削弱自己的中心地位，甚至會被認為是懦弱，也可以給某些別有用心者以可乘之機，其後果不言而喻。

另一方面，從「智囊團」本身的工作來看，雖然具備了專業知識和背景，也有可能對被研究對象的一些社會因素、能力及社會背景等方面預想不足，在結論與現實操作中出現偏差。

所以，作為領導者如果「照單全收」，就極可能得出錯誤決策，以致誤入歧途，而充分分辨、去偽存真、有所取捨方為上策，對符合情況的真知灼見大膽啟用，對某些偏差之處合理裁剪。所謂「取其精華，棄其糟粕」，這正是領導決策的可貴之處。

智者慧語

要注意的是，「智囊團」最後的建議並不能代表領導者的決策。如果「智囊團」的意見每次都百分之百地被領導者採納，說明這個「智囊團」不是越權就是代庖，或者說這個領導者能力低下。領導者對「智囊團」的意見既要認真聽取，積極採用，又要審慎處理、分清正誤、自有主張。

連結解讀

原文精華

使人之耳目助己視聽，使人之吻助己言談，使人之心助己思慮，使人之股肱助己動作。助之視聽者眾，則其所聞見者遠矣；助之言談者眾，則其德育之所撫循者博矣；助之思慮者眾，則其謀度速得矣；助之動作者眾，即其舉事速成矣。

——《親士第一》

今譯

用別人的耳目幫助自己視聽，用別人的嘴幫助自己言談，用別人的心幫助自己思考，用別人的四肢幫助自己動作。幫助視聽的人多，那麼他所見到的和看到的就廣遠；幫助他言談的人多，那麼他的善言所安撫存恤的範圍就廣大；幫助他思考的人多，那麼他的考慮就會很快有所得；幫助他行動的人多，那麼他辦事就會很快成功。

助之視聽者眾，則其所聞見者遠矣。

——墨子·《尚同中》

古人云：「兼聽則明，偏聽則暗。」一個人或一個團體，在做決定、決策之前，要多聽取多方意見，包括反對的意見。只有這樣，才能做到決策正確。

▍三十 切忌結黨營私

作為管理者，公平對待下屬十分重要。管理者如果對自己的下屬不能公平對待，很容易造成下屬的不滿情緒，影響下屬的工作熱情，甚至導致下屬另謀高就，從而影響整個團隊的工作。要知道：當你親近一些人時，你也就疏遠了另一些人。

子墨子言曰：「何故以然？則義不同也。」

——語出《墨子·尚同下》

墨子所說的「尚同」即「上同」，指意見統一於上級。

在《尚同下》中，墨子提出了這樣的疑問：

現在為什麼上級不能治理他的下屬、下屬不能聽從他的上級呢？

墨子說：「這是由於上下級相互讒毀的原因。」

為什麼會這樣呢？

墨子說：「是各人的意見不同啊！」

接著，墨子進一步總結道：

「如果意見不同的人各自結黨營私，上級認為這個人行善，就要賞賜他，這個人即使得到了上級的賞賜而避開了百姓的非議，也不會因此使行善者得到鼓勵，雖然人們看到有賞賜。上級認為這個人作惡，就要懲罰他，這個人雖然得到上級的懲罰卻擁有百姓的讚譽，因此，作惡的人也一定不會得到阻止，即使人們看到有懲罰。」

賞與罰失去了效用，這是因為什麼呢？是由於賞罰不公正的原因。而賞罰之所以不公正，在墨子看來，是因為結黨營私所致。

結黨營私、搞小團體。墨子說：「厚者有亂，而薄者有爭。」嚴重的就會發生動亂，輕微的也會有爭執。可見結黨營私的危害。

然而，在現實生活中，就是有些管理者熱衷於拉幫結派、搞小團體，凡是和自己關係密切的人就提拔，而不管其是否有真才實學，譬如利用同鄉、校友等各種關係在企業內部形成一個個小圈子。而凡是和自己過不去的，或不屬於這個小圈子範圍內的，能拉則拉，拉不攏就給其找麻煩示以顏色。這使得有一批人依仗管理者的權勢，心安理得地在企業裡只拿薪水不辦實事。

在這種環境下，即使有一些積極肯做事的下屬，由於他們不會溜鬚拍馬，就被晾在一邊。結果在企業上下形成了一種壞風氣，好人受氣，小人神氣，企業大事沒人管，小事互相推。更有甚者，為非作歹，損公肥私，誰要阻撓或得罪他們，他們就會利用各種機會來報復。

結黨營私、搞小團體的另一種表現就是，管理者在與下級關係的處理上，凡是自己的人，則放棄原則，有了錯誤就隱瞞，或大事化小、小事化無。而對跟自己作對的人，則是小題大作、猛抓辮子，大搞抹黑資料，欲趁機置人於死地。

圈子外的人有了成績，就冒名頂替，邀功請賞，大肆宣揚，唯恐別人不知，對待下級不一視同仁，親疏有別、厚此薄彼，這是瓦解企業向心力和凝聚力的最危險的行為，長此以往，必將導

致企業內部分成兩派乃至更多派，這時企業的分崩離析就很自然了。

智者慧語

在墨子看來，領導者不能結黨營私，要對下屬平等對待，一視同仁。除此之外，領導者一定要培養自己聽取下屬意見的好習慣，不管是誠懇的、還是冒昧的。在聽取下屬的意見時一定要專心、不能著急、多疑。事實上，聽取下屬的意見實際上就是在利用別人的腦子為自己辦事，你透過自己的判斷就可以從中得到許多有用的東西，為我所用，又有什麼不好呢？

連結解讀

原文精華

今此何為人上而不能治其下？為人下而不能事其上？則是上下相賤也。何故以然？則義不同也。若苟義不同者有黨，上以若人為善，將賞之，若人唯使得上之賞而辟百姓之毀；是以為善者必未可使勸，見有賞也。上以若人為暴，將罰之，若人唯使得上之罰，而懷百姓之譽；是以為暴者必未可使沮，見有罰也。

——《尚同下第十三》

今譯

現在為什麼上級不能治理他的下屬？下屬不能事奉他的上級呢？這是由於上下級相互讒毀的原因。為什麼會這樣呢？是各人的意見不同啊！如果意見不同的人各自結黨營私，上級認為這個人行善，就要賞賜他，這個人即使得到了上級的賞賜而避開了百

姓的非議，也不會因此使行善者得到鼓勵，雖然人們看到有賞賜。
上級認為這個人作惡，就要懲罰他，這個人雖然得到上級的懲罰
卻擁有百姓的讚譽，因此，作惡的人也一定不會得到阻止，即使
人們看到有懲罰。

兼愛篇

　　「兼愛」是墨子最根本的政治主張，是墨子思想體系的核心，其他學說都是由此推演而出。所謂「兼愛」，就是互愛的意思。墨子認為，造成家、國、天下動盪不安的根源，是人人不相愛，彼此互相憎惡、殘害。為了改變這種局面，唯有實行「兼相愛，交相利」，才能達到天下大治。在墨子看來，「兼愛」不但有利於天下，而且容易做到，而之所以不能實施，是由於執政者不喜歡它。墨子指出：「苟有上說之者，勸之以賞譽，威之以刑罰，我以為人之於就兼相愛、交相利也。譬之猶火之就上，水之就下也，不可防止於天下。」墨子認為，只要執政者大力倡導推行「兼愛」之道，就如同火向上竄，水往低處流一樣，將在天下形成一種不可遏止的態勢。

▌三十一 解讀員工跳槽之謎

　　古人云：「千軍易得，一將難求。」這個「將」指的就是人才。人才難得，得到了就不要輕易失去。人才是企業最大的一筆財富，這筆財富甚至無法用金錢來衡量，失去人才，企業將一無所有。高明的領導者都懂得這一點，所以，他們才有「即使失去一切，只要還留有人才，我就可以東山再起」的豪言壯語。

　　子墨子言曰：「聖人以治天下為事者也，不可不察亂之所自起。」

——語出《墨子·兼愛上》

在《墨子·兼愛上》中，墨子開篇便有「治國如治病」的觀點。

墨子說：「一個治理國家的人，必定要知道亂是從哪兒起的，才能治理，如果不知道亂從哪兒起，就無法治理。就好像醫生治病一樣，一定要知道疾病的來源，才能對症下藥；不知道疾病的來源，便不能醫治。」

在此，墨子講的是如何治理國家，用於企業管理，同樣具有重要的指導意義。這使我想起了企業人才流失的問題。毋庸置疑，如何避免人才流失是企業管理者必須要關注的一個課題。那如何避免人才流失呢？

正如墨子所說，治病一定要知道疾病的來源，才能對症下藥。避免人才流失，也必須要知道人才流失的原因，才能有相應的避免人才流失的措施。

據市場研究公司的最新調查顯示，超過二六％的被訪者表示，原來的工作「薪水不高」是跳槽的主要原因；二一％的被訪者是因為「個人能力得不到發揮」；一七點二％的被訪者認為「原來的工作已失去了挑戰性」；一四％的被訪者是因為「難以得到晉升的機會」；一〇點八％的被訪者是因為「與管理者不合」。其他的諸如「工作壓力太大」、「人際關係緊張」、「管理者對自己不夠重視」等，也是導致員工跳槽的原因。

員工的流動，對企業而言既有積極影響也有不利影響。雖然老員工跳槽後，新員工加入，新鮮血液給企業帶來新的活力；但導致的消極影響卻是顯然易見的，尤其是管理人員的流動弊大於利。主要表現在：員工心理不穩，對企業信心不足，破壞企業的

凝聚力和向心力；服務品質下降，生產效率低；客源流失，商業機密洩漏；替換與培訓成本加大。

在大多數情況下，企業應儘量挽留自己的員工，減少員工的流動。但一定的員工流動是必要的，否則沒有新鮮血液的補充，企業將如一潭死水。一般來說，正常的員工流動率應保持在五％至八％之間。減少員工流動的有效措施包括：

（一）給予更高的薪水

更高的薪水，往往是員工跳槽最大的原因。對此並沒有什麼最好的解決辦法。尤其是如果你覺得他們的薪水已經足夠的話，即使你為增加工資而與員工談判，無論你採取哪種處理辦法，對企業和員工都無好處可言。著名的美國波音公司的專家們曾對四十多名跳槽者進行的調查表明，其中有三十名為增加薪資與領導者進行了談判，二十七名因被加薪而留下來繼續為公司效力，但在不到一年多時間裡，有二十五名因各種原因又離開了公司。實際上，薪資的多少並不是真正讓他們繼續留下來的關鍵。關鍵是管理者和企業為人才成長發展所提供的環境和空間。

（二）讓懷才不遇者滿負荷工作

一個員工的工作量的多少並不能說明他對企業的滿意程度如何。經常有的人僅靠自己的能力和遵守企業的管理制度，就能圓滿地超額完成自己的工作定額，但內心裡他並不真正喜愛這份工作。

如有位負責銷售工作的部門主管，其工作成績在企業連年都超定額，利潤很可觀，是企業的骨幹。但他卻對企業宣傳情有獨

鍾，希望有朝一日成為企業宣傳部門的一員。從企業角度出發，他留在銷售部門是最理想的，但他卻一心想到宣傳部門。此時如果有合適的新公司，他一定義無反顧地離開銷售工作去從事宣傳工作。

最好的能挽留他的辦法是，讓他同時兼做這兩項工作，如果他確實才華橫溢，兼做兩份工作都很出色，不僅能滿足他對興趣的追求，又為企業留住了人才，不會因為人才流失而擔心銷售額下降。

（三）讓員工在工作中找到樂趣

工作失去挑戰性，是員工流失的一大原因。剛從大學畢業的年輕人，通常在兩年之內最容易離職他就。他們年輕，充滿理想，只可惜，他們的這些特點常被上司忽略。因此，作為一名管理者，你不必驚異於一個聰明而有抱負的年輕人，為求得發展而另謀高就。要避免這種人才流失，就要把他當作投資來看，第一年讓他有機會向公司裡最優秀的員工學習，交給他稍微超出他經驗範圍的工作，以後逐漸給他壓擔子。且如同所有的投資一樣，不要預期立刻獲利，要把眼光放長遠些。透過一段時間的實踐，他們的理想會變得更加實際，一旦發現所從事的工作適合自己，就會在工作中找到樂趣，努力工作。

（四）對能力強的員工破格任用

當企業應徵到一位能力強、有開拓創新精神的年輕人，你必須認真思考：給他什麼樣的職位，如何提拔他更好？如果在他的任用問題上稍有疏忽，處置不當，將會給企業帶來不必要的麻煩。

要麼這位能人會因位置不好而另尋高就；要麼會使那些資歷比他高、工作時間比他長、職位較低甚至較高的人為此而抱怨企業待人不公平，厚此薄彼，甚至拂袖而去。所以用人之事，不是小事，不可輕率。

某大公司曾經聘用過一位這樣的年輕員工，不到半年時間，他的能力已從其工作業績中表現出來，並遠遠地超過他的主管。如果讓他上、主管下，或者讓他們在一個部門平起平坐，各管一攤，必然使公司的組織機構、人事制度、業務工作秩序都被打亂。為此，經理將他調往國外，負責組建分公司，以發揮他的才能。雖然這一任命使年輕人連升三級，但在公司裡並沒有引起什麼不良的反應。經理的高招使「魚」和「熊掌」兼而得之。

（五）加強溝通減少隔閡

與主管不合常常是員工跳槽的重要原因之一。與主管不合的原因是多方面的，但不論什麼原因，如果上司能經常保持一扇敞開的門，進行平等溝通，就可以化解上司與下屬之間的矛盾。如果把善待下屬看成是管理者的責任的話，那麼下屬也有責任把自己的困惑與不滿告知上司。溝通是雙向的、多角度的、多層次的，也是複雜的、多面的、曲折的，切忌單向、直線、淺層次，避免簡單化。上司雖然不能完全看透員工的心思，但卻能使溝通的管道保持暢通。即使公司規模已經大到不能叫出每個下屬的名字的時候，仍須保持溝通。只要有人要見自己，不管是三分鐘或三小時，管理者一定要安排時間會見。溝通產生凝聚力。也許有些人不相信這一點，但很多聰明的管理者卻是這麼做的。

避免人才流失的方法是多種多樣的，企業管理者應根據具體的情況運用不同的策略。挽留人才除了上面幾點之外，還包括以下幾點：

(一) 規範職業道德，比貢獻，樹正氣。

(二) 公正平等的用人制度。

(三) 職位空缺或晉升應先內後外。

(四) 精神激勵與經濟鼓勵相結合。

(五) 依照勞動法加強勞資合約約束。

(六) 改善企業福利待遇，用長遠的利益吸引員工。

(七) 採用年終獎勵制度。

(八) 利益共享，讓員工成為股東。

(九) 在企業內部實行輪調制度，有利於員工之間相互配合與相互了解，提高工作效率。

(十) 經常舉行各類培訓和文化體育娛樂活動，增進員工之間的友誼，加強企業的凝聚力。

(十一) 實行感情管理，關心員工家庭；為有困難的員工提供支持和幫助。

智者慧語

對於不能為我所用，「身在曹營心在漢」的人，能力再強也要堅決棄用。這樣的人在企業的時間越長，負面作用越大。對

於有拚搏精神而又願意為企業效力的人，就要想盡辦法使其留下來，所以，建立一個人才各盡其用、各盡其心的用人、留人機制是至關重要的。

連結解讀

原文精華

聖人以治天下為事者也，必知亂之所自起，焉能治之；不知亂之所自起，則不能治，譬之如醫之攻人之疾者然，必知疾之所自起，焉能攻之；不知疾之所自起，則弗能攻。治亂者何獨不然？必知亂之所自起，焉能治之；不知亂之所自起，則弗能治。聖人以治天下為事者也，不可不察亂之所自起。

——《兼愛上第十四》

今譯

聖人是以治理天下為職業的人，一定要知道禍亂興起的原因，才能去治理。不知道禍亂興起的原因就不能治理，這就像醫生治療人的疾病一樣，一定要知道疾病產生的原因，才能進行治療，不知道疾病產生的原因就不能治療。治理禍亂又何嘗不是這樣？一定要知道禍亂興起的原因才能進行治理，不知道禍亂興起的原因就不能進行治理。聖人是以治理天下為職業的人，不能不明察禍亂興起的原因。

▍三十二 愛你的員工

　　管理界有句名言：「愛你的員工吧，他會加倍愛你的企業。」用愛心對待員工，與他們像一家人一樣建立「感情維繫的紐帶」。實踐證明，這樣的領導者被員工認為更有人情味，他們受到員工的愛戴，員工也樂意為他們打拚。

　　子墨子言曰：「當察亂何自起，起不相愛。」

　　　　　　　　　　　　　　　　　——語出《墨子·兼愛上》

　　「兼愛」是墨家的根本觀念，其他學說都是由此推演而出。所謂「兼愛」，就是互愛的意思。

　　墨子看見自己所處時代，國與國、家與家、人與人之間，種種混亂的情形，感到非常痛心。他曾經仔細地考察過這種種混亂的根源，得出了一個答案，那就是：起於「不相愛」。

　　臣子對國君為什麼會不忠呢？因為臣子自愛而不愛君，所以損害國君利益而自利。

　　兒子對父親為什麼會不孝呢？因為兒子自愛而不愛父親，所以損害父親的利益而自利。

　　弟弟對兄長為什麼不敬呢？因為弟弟只自愛而不愛兄長，所以損害兄長利益而自利。

　　這些「不忠」、「不孝」、「不敬」都是違反倫理的事，起源就是「不相愛」。

反過來看：如果國君只愛自己，而不愛臣子，於是損害臣子的利益而自利，所以對臣子就不關愛。

父親只愛自己，而不愛兒子，於是損害兒子的利益而自利，所以對兒子就不慈愛。

哥哥只愛自己，而不愛弟弟，於是損害弟弟的利益而自利，所以對弟弟就不友愛。

至於盜賊的竊搶、大夫的互爭、諸侯的互攻，道理也大致相同。

盜賊只愛自身，而不愛別人，所以損害別人而自利。

大夫只愛自己的家，而不愛別人的家，所以侵擾別人的家而自利。

諸侯只愛自己的國家，而不愛別人的國家，所以攻打別人的國家以自利。

這一切的亂事，不都是起源於「不相愛」嗎？

同樣，員工對領導者為什麼會不忠？因為員工自愛而不愛領導者，所以損害領導者的利益而自利。反過來看：如果領導者只愛自己，而不愛員工，於是損害員工的利益而自利，所以對員工就不關愛。

人人只愛自己便造成了自私自利，而自私自利的結果，必然會造成人與人之間的爭執與傷害。因此，對於企業管理而言，企業在努力培養員工忠誠的同時，企業的領導者也要關心、愛護員

工，如同家人，這樣員工才會熱愛領導者，才會把企業當成自己的家，也才會努力工作以回報領導者的關愛。

有遠見的企業家從勞資矛盾中悟出了「愛員工，企業才會被員工所愛」的道理，因而採取軟管理辦法，對員工進行感情投資。

美國惠普公司創始人惠利特說：「惠普公司的傳統是設身處地為員工著想，尊重員工。」該公司以定期舉行「啤酒聯歡會」的方式來維繫員工的感情，增添「家庭感」。聯歡會時，全體員工可以暢快痛飲，一醉方休。豪飲中穿插各種節目，唱公司的歌，公布公司的經營狀況。公司主管們頻頻舉杯，大張旗鼓地表彰每一位值得表彰的員工。員工們無所不談，盡興盡情，增進了情感，激發起更加努力工作的熱情。

日本一些企業家更是重視企業的「家庭氛圍」。他們聲稱要把企業辦成一個「大家庭」，注意為員工謀福利。當員工過生日、結婚、晉升、生子、喬遷、獲獎之際，都會受到企業領導者的特別祝賀，使員工感到企業就是自己的家，企業領導者就像自己的親人長輩。

聰明的領導者都懂得，經營人心就是經營財富。擁有征服員工之心的本領的領導者，他的員工一定會心甘情願、積極主動為他效力，而且在長期的工作過程中，始終對他忠心耿耿，為企業帶來巨大的效益。

那麼，怎樣經營人心呢？

　　只要能敏銳地捕捉到員工心理的微妙變化，並適時說出吻合當時情形的話語，或採取有效的行動，就能達到這一目的。例如，當員工情緒進入下列低潮時期時，就是領導者最好的表現時機：

　　（一）員工生病時

　　不管平常多麼強健的人，當身體不適時，心靈總是特別脆弱的。如果此時能夠發自肺腑地對其表示關懷，必定會使其對領導者產生好感。

　　（二）員工為家人擔憂時

　　員工家中有人生病，或是為孩子的教育等苦惱時，他的心靈也是很脆弱的。領導者這時關心員工，他便會產生由衷的感激之情。

　　（三）員工工作不順心時

　　員工因工作失誤或無法按規定日期完成工作時，情緒會變得十分低落，這時也是關心他的好時機。

　　此外，領導者應該把員工當成知心朋友看待，盡力推動彼此間的關係朝著和諧融洽的方向發展；極力維護員工的合法權益，這是領導者的責任，同時也是尊重員工的表現；記住員工的名字，這是對員工的尊重；對所有員工一視同仁，以謙遜的態度對待員工，常對員工微笑。

　　總之，領導者要有愛人之心，要把每一位員工看作跟隨自己「打江山」的忠誠夥伴，要像親人、知心朋友那樣真正關心和愛護他們。要知道，沒有愛心的領導者，是很難駕馭他人的。

智者慧語

人本管理的目標是：關心員工、尊重員工、理解員工。一個企業的物質條件有限，但只要把員工放在心上，給予愛心，員工稱心，工作起來就會盡心，向企業奉獻一片誠心。

企業的競爭力來源於員工，而不是冷若冰霜的機器，員工對企業是否滿意，直接關係到企業的凝聚力，是企業興衰成敗的關鍵之一。

墨子思考治國之策

「兼愛」是墨家的根本觀念，其他學說都是由此推演而出。所謂「兼愛」，就是互愛的意思。墨子看見所處時代，國與國、家與家、人與人之間，種種混亂的情形，感到非常痛心。他曾仔細地考察過這種種混亂的根源，得出了一個答案，那就是：起於「不相愛」。

連結解讀

原文精華

當察亂何自起，起不相愛。臣子之不孝君父，所謂亂也。子自愛，不愛父，故虧父而自利；弟自愛，不愛兄，故虧兄而自利；臣自愛，不愛君，故虧君而自利。此所謂亂也，雖父之不慈子，兄之不慈弟，君之不慈臣，此亦天下之所謂亂也。父自愛也不愛子，故虧子而自利；兄自愛也不愛弟，故虧弟而自利；君自愛也不愛臣，故虧臣而自利。是何也？皆起不相愛。

雖至天下之為盜賊者亦然。盜愛其室，不愛其異室，故竊異室以利其室；賊愛其身，不愛人，故賊人以利其身。此何也？皆起不相愛。

雖至大夫之相亂家，諸侯之相攻國者亦然。大夫各愛家，不愛異家，故亂異家以利家。諸侯各愛其國，不愛異國，故攻異國以利其國。天下之亂物，具此而已矣。察此何自起？皆起不相愛。

——《兼愛上第十四》

今譯

試著考察一下禍亂是從哪裡產生的，產生於人們不互相親愛。臣和子不孝敬君和父，就是所謂的亂。兒子愛自己而不愛父親，因此損害父親而自利；弟弟愛自己而不愛兄長，因此損害兄長而自利；臣子愛自己而不愛君主，因此損害君主而自利。這就是所謂的亂，即便是父親不愛子女，兄長不愛弟弟，君主不愛臣下，這也是天下所謂的亂。父親愛自己不愛子女，因此損害子女而自利；兄長愛自己不愛弟弟，因此損害弟弟而自利；君主愛自己而不愛臣下，因此損害臣下而自利。這是因為什麼呢？都起於不互相親愛。

即使天下做盜賊的人也是這樣。盜竊者只愛自己的家，而不愛別人的家，因此偷竊別人家以利自己的家；搶劫者只愛自身，而不愛別人，因此殺傷殘害別人以利自身。這是因為什麼呢？都是起於不相愛。

即使大夫互相侵擾各自的采邑，諸侯互相攻伐各自的封國也是這樣。大夫各自愛自己的采邑，不愛別人的采邑，因此侵擾別

人的采邑以利自己的采邑。諸侯各自愛自己的封地，不愛別人的封地，因此攻伐別人的封地以利自己的封地。天下的禍亂之事，都在這裡了，考察這是因何而產生的呢？都是產生於不相愛。

三十三 培養員工忠誠度的祕訣

忠誠是企業的文化和精神靈魂，一個精神靈魂被掏空的企業，不可能具有強大的生命力和旺盛的創造力。忠誠對於企業而言，就像血液之於生命，是企業文化不可缺少的部分。如果企業忽視了對員工忠誠度的培訓，最終失敗將是必然的結果。

子墨子言曰：「若使天下兼相愛，人若愛其身，惡施不孝？」

——語出《墨子·兼愛上》

在《墨子·兼愛上》中，墨子提出了一系列的反問：

假使天下之人都相親相愛，愛別人就像愛自身，還會有不孝的嗎？

看待子女、弟弟、臣下就像看待自身，哪裡還會有不慈愛的？

不孝不慈的現象都沒有了，還會有盜賊嗎？

看待別人的家和自己的家一樣，誰還會偷竊？

看待別人和自己一樣，誰還會殘殺？

看待別人的采邑和自己的采邑一樣，誰還會進行侵擾？

看待別人的封地和自己的封地一樣，誰還會發動攻伐？

由此，墨子便得出了這樣的結論：

假使天下之人相親相愛，封地與封地之間不互相攻伐，采邑與采邑之間不互相侵擾，盜賊沒有了，君臣父子都能孝敬慈愛，像這樣，天下也就安定了。

在墨子看來，「兼愛」是使天下安定的唯一方法。

用「兼愛」思想指導企業管理：首先，要求企業管理者要關心、愛護自己的員工；其次，要努力培養員工的忠誠度。「兼愛」，是互愛的意思，雙方缺一不可。

那如何培養員工的忠誠度呢？

企業招募期——以忠誠度為導向的招募

（一）排除跳槽傾向大的求職者

企業在招募和選擇員工的過程中，往往只重視對求職者工作能力的考察，但是仔細查看求職者的申請資料並加以分析，還能獲得其他有用資訊，例如：該求職者曾經在哪些企業工作過，平均工作時間長短，離職原因等等。透過這些資訊，可以預先排除那些跳槽傾向較大的求職者。

（二）注重價值觀傾向

員工忠誠度的高低與其對企業價值觀的認同程度密切相關。因此，企業在招募過程中不僅要看求職者的工作技能，還要了解求職者的個人品質、價值觀、與企業價值觀的差異程度以及改造難度等，並將其作為錄用與否的重要考慮因素。為了保證員工忠誠度，有些公司寧願放棄雇用經驗豐富但價值觀受其他公司影響

較深的求職者，而去雇用毫無經驗但價值觀可塑性強的應屆大學畢業生。

（三）如實溝通，保持誠信

一些特別急需人才的中小企業，為了能盡快招募到合格的人才，常常會在與求職者的溝通中誇大企業的業績和發展前景，並給求職者過高的承諾。當求職者到了企業之後，才發現原來的承諾是不能兌現的，從而導致員工忠誠度的降低。

員工穩定期——以忠誠度為重點的培訓

穩定期是指從員工正式進入企業到開始呈現離職傾向的時期，是員工忠誠度培養的關鍵階段。企業不僅要為員工提供富有挑戰性的工作和舒適的環境，建立合理的薪酬體系和公平的晉升制度，而且還應積極推行人性化的管理等。

（一）資訊共享

員工可以獲得資訊的多少及其重要程度，不僅直接影響著員工的工作績效，而且還會影響其對自己在企業中地位和重要性的評價。如果企業能夠加強內部溝通，做到資訊共享，就可以創造一種坦誠相待、相互信任的「家庭」氛圍，使員工產生強烈的歸屬感，員工自然也就會忠誠於企業。

（二）員工參與

員工參與企業經營管理的範圍越廣，程度越大，員工對自己在企業中地位和重要性的評價就越高，其歸屬感也就越強烈。如

果員工希望參與，而你卻不給他這種機會，他們就會疏遠管理層和整個組織。

（三）團隊合作

員工每天與之打交道最多的是其所在的團隊，而不是龐大的企業整體。相對於整個企業來說，團隊內員工的互補性更強，任務的完成更需要彼此之間的密切合作。所以，利用團隊的仲介作用，企業可以更有效地培養員工的歸屬感。

（四）員工培訓

一些企業錄用員工後所做的第一堂培訓課就是員工如何為企業服務。隨後，除了定期的專業之外，有些企業還將「忠誠員工」的培訓課程分成「為何要忠誠於企業」、「員工頻繁跳槽之優劣」、「國外忠誠員工之成才之路」等系列講座，定期開講。

離職潛伏期——以忠誠度為前提的挽救

隨著企業的發展和員工素質（如工作能力、需求層次）的提高，以及環境因素（如家庭狀況、經濟週期和其他企業高薪誘惑）的變化，維持員工忠誠度的條件往往也會隨之變化。如果企業不能及時地發現這些變化，並有針對性地做出令員工滿意的調整，很有可能使員工產生離職的念頭，並呈現出離職傾向（如缺勤、遲到、早退的次數明顯增多，工作時常常心不在焉，精力不集中等）。

在此階段，企業必須盡力採取有效措施，防止人才流失，而且挽留成功與否也是檢驗員工忠誠度培養成效的重要標準。

　　首先，企業應當對員工進行分類：企業希望能長期留住的員工；企業希望能在一段時期內留住的員工；企業不必盡力挽留的員工。

　　其次，要找到員工離職的真正原因，對發現的原因按照合理程度進行分析整理。

　　最後，綜合考慮離職原因的合理性、員工類別以及企業的實力等因素，制定挽留員工的具體措施。

智者慧語

　　對於企業而言，忠誠會使企業的效益得到大幅度的提高，還能增強企業的凝聚力，使企業更具競爭力，能讓企業在變幻莫測的市場中更好地立足。但是，你不能錯誤地把忠誠理解成對某人至始至終都忠誠不二，它是一種職業的忠誠，是承擔某一責任或者從事某一職業所表現出來的敬業精神。

連結解讀

原文精華

　　若使天下兼相愛，人若愛其身，惡施不孝？猶有不慈者乎？視子弟與臣若其身，惡施不慈？不孝亡有，猶有盜賊乎？故視人之室若其室，誰竊？視人身若其身，誰賊？故盜賊亡有。猶有大夫之相亂家，諸侯之相攻國者乎？視人家若其家，誰亂？視人國若其國，誰攻？故大夫之相亂家，諸侯之相攻國者亡有。若使天

下兼相愛，國與國不相攻，家與家不相亂，盜賊無有，君臣父子皆能孝慈，若此則天下治。

——《兼愛上第十四》

今譯

假使天下之人都相親相愛，愛別人就像愛自身，還會有不孝的嗎？看待子女、弟弟、臣下就像看待自身，哪裡還會有不慈愛的。不孝不慈的現象都沒有了，還會有盜賊嗎？看待別人的家和自己的家一樣，誰還會偷竊？看待別人和自己一樣，誰還會殘殺？盜賊沒有了，還會有大夫互相侵擾采邑，諸侯互相攻伐封地嗎？看待別人的采邑和自己的采邑一樣，誰還會進行侵擾？看待別人的封地和自己的封地一樣，誰還會發動攻伐？因此大夫互相侵擾采邑，諸侯互相攻伐封地的現象就沒有了。假使天下之人相親相愛，封地與封地之間不互相攻伐，采邑與采邑之間不互相侵擾，盜賊沒有了，君臣父子都能孝敬慈愛，像這樣，天下也就安定了。

▌三十四 善於化解下屬間的矛盾

身為一個上司，可能最不願意看到的就是下屬之間鬧意見，產生矛盾。因為即使是再小的矛盾，如果處理不好、處理不公，也會降低領導者的威信，甚至會影響整個部門的工作效率。

子墨子言曰：「聖人以治天下為事者，惡得不禁惡而勸愛？」

——語出《墨子·兼愛上》

《墨子·兼愛上》中有：

「聖人以治天下為事者，惡得不禁惡而勸愛？故天下兼相愛則治，相惡則亂。」

意思是說，聖人是以治理天下為職業的人，怎麼能不禁絕仇恨而鼓勵親愛呢？因此天下之人互相親愛天下就會安定，互相仇恨就會禍亂叢生。

企業的管理者，也應該鼓勵員工互敬互愛。因為員工相互親愛，企業就會安定團結；反之，則勢必影響工作效率，甚至產生禍亂。

然而，由於各式各樣的原因，下屬之間難免會產生矛盾，那又該怎麼辦呢？試試下面幾個方法，或許對你有所幫助。

（一）不偏不倚

在處理下屬之間的矛盾時，上司要掌握的第一個原則就是公正，不偏不倚。在把心態調整到一個公平的角度以後，你只要再掌握一些解決矛盾的技巧，就已經有把握解決矛盾了。

（二）澄清誤會

身為上司，你要找矛盾的雙方單獨談話，最好能對問題的焦點做記錄，以便求證。如果僅僅是一場誤會，你可以邀集他們在一起進行溝通，把誤會澄清，矛盾也就迎刃而解了。

如果只是由於工作上的問題，或者相互配合的問題，而且還有各自特殊的理由，你不妨做個和事佬，為他們雙方分析一下產

生矛盾的原因。可以讓他們互相站在對方的立場多考慮一下，然後把答案做對比，雙方將很快意識到自己的錯誤。

（三）降溫處理

在矛盾發生時，當事人往往情緒都非常激動，可能當時就會找到上司，希望你能說句公道話。這時絕不能火上澆油，立即處理。因為此時雙方的情緒都很激動，無論你怎麼處理，雙方都不會滿意，還會誤認為你在偏袒對方。

所以，最好的方法是，請雙方先回去，讓他們冷靜一下，平定自己的情緒，然後你再親自找他們談話，了解問題的真相。採取安撫的手法，聽取他們各自的委屈，了解他們的苦惱，做各自的勸說工作，矛盾也就會被化解了。

（四）緩和矛盾

在你的說服教育下，有時矛盾的一方已經知道錯誤了，但就是不肯認錯，認為面子上過不去。遇到這種人，你要採取緩和的辦法，不要勉強他一定要親自去認錯。你可以在私下裡為雙方製造一個緩和氣氛的機會，比如約他們雙方吃飯，借用一杯酒、一根菸表明他認錯的誠意，此時在飯桌上雙方的距離會拉得很近，緩和他們的矛盾也就不再是件難事了。

（五）折中協調

有些事情很難說清楚誰對誰錯，這時領導者的作用就是折中協調，息事寧人。在充分肯定雙方的基礎上，融入自己的觀點，加以完善，找到最好的解決問題的方法。這樣協調，矛盾雙方都不會感覺到面子上過不去，一般就能息事寧人了。

智者慧語

作為上司，你必須掌握化解下屬矛盾的藝術，引導下屬互敬互愛。如果只高高在上，對下屬之間的矛盾視而不見，漠然置之，或偏聽偏信，則勢必導致下屬間矛盾的激烈變化，使你最終也跌入是非的漩渦之中，陷入被動。

連結解讀

原文精華

聖人以治天下為事者，惡得不禁惡而勸愛？故天下兼相愛則治，相惡則亂。

—— 《兼愛上第十四》

今譯

聖人是以治理天下為職業的人，怎麼能不禁絕仇恨而鼓勵親愛呢？因此天下之人互相親愛，天下就會安定，互相仇恨就會禍亂叢生。

▌三十五 激勵員工為企業效力

企業在追求利益最大化的同時，也要兼顧員工的個人利益。企業用良好的工作環境和優厚的福利待遇，保護和提高員工的積極性和創造性，員工用熱情和智慧保障企業的不斷發展和經濟效益的不斷提高。

子墨子言曰：「以兼相愛、交相利之法易之。」

——語出《墨子·兼愛中》

墨子是位講求言行合一的人，一種理論，如果實行起來，不能造福國家百姓，他便認為沒有倡導的價值。他批評一件事情，也必定找出它的好與壞的原因。好的加以讚揚，不好的則加以改善。

在《兼愛上》中，墨子對於世上的一切亂事，找出了一個根源——「不相愛」。因此，他提出了一個補救的辦法——「兼相愛」。

在《兼愛中》中，墨子提出了「兼相愛」的內容和標準，即「交相利」。他認為實行兼愛，就應該給人民以實際的利益，解決人民迫切的生活問題。

在《非樂》篇中，墨子說：「民有三患：饑者不得食，寒者不得衣，勞者不得息。三者，民之巨患也。」因此，堅持愛人原則的賢者應該做到「有力者疾以助人，有財者勉以分人，有道者勸以教人」，從而使「饑者得食，寒者得衣，亂者得治」。

與此類似，在企業中要想實行「兼相愛」，讓企業具有凝聚力，使員工具有工作熱情，也必須給員工以實際的利益。

管理界有這樣一個淺顯且帶有普遍性的道理：每個員工的行為都和自己的利益掛鉤。企業的利益與員工的利益之間，既存在著相互一致的一面，也存在著相互矛盾的一面。因此，如何尋找企業與員工利益之間的平衡點，激發活化員工的原動力，是企業管理的一大挑戰。

激勵：見什麼人唱什麼歌

在企業內部，那些低收入層次的員工最為關心的是勞動收入的如數兌現和絕對額的增加。有一家小型模具公司，它的工作環境狹小而零亂，但員工全都專心致志地做著自己的工作。沒有人看管，為什麼他們竟會如此認真自覺？主管解釋說：「最主要是有一條：各道工序詳細的定額報酬制定得清清楚楚，每天做多做少，得多得少，非常簡單，工人心裡也清清楚楚。」可見，激發員工能動性，找到勞動效率和勞動收入的平衡點是關鍵。

至於那些較高收入層的員工，他們在得到了彼此認可的報酬後，自然會把關注點移到另一個方面，那就是能力施展的空間，被上司信任尊重的程度。某公司有位主管當得知自己的上司要被調離時，竟難過地哭了。事後，那位領導者得知後，解釋道：「在較短的時間內，我既沒替他們加薪，也沒替他們升職，我只是很重視他們所從事的工作崗位，給予他們應該有的做事的空間，並且在需要承擔責任的時候我會站出來，時間久了，就產生了感情。」

勞動報酬管理的藝術在於：既要精確地滿足不同層次員工的需求，又要把管理功夫用在「生存需求」之外的高層次需求之上。區別對待不同層次需求的員工是激發活化原動力的要素之一。

員工：奈何為一點小錢憤憤不平

一家頗有名氣的國際公司，為了鼓勵內部員工在職 MBA 求學成才，公司既提供了必要的學費，又制定了學成後回公司的新

薪資標準,這在當時得到了積極的反應。若干年後,由於人才市場需求結構的變化,公司將原定的薪資標準做了適當的調低。

結果,後來學成歸來的與前面學成歸來的員工的收入標準形成了一個差異。那些後來學成的員工心裡牢騷滿腹,一直耿耿於懷,而對公司已經在他們身上花了較為昂貴的學費,反倒麻木不仁了。

不難想像,公司對後來學成員工的投資明顯產生了負效應。

其實,員工對自己收入的滿意度往往取決於自我比較,也就是說,有個比較效應在起作用。譬如與自己過去比較,與同行比較,與同事比較等等,特別是與同事之間的比較。他們往往會為了一個微不足道的差異而憤憤不平。

這種差異感一旦建立在公正的基礎上,自然而然造成積極的推動作用;假如建立在上級個人好惡或者政策基準本身不恰當的基礎上,就會產生負效應,即使加了再多薪水,也是沒有意義的。

從管理心理學的角度來看,巧妙地用好差異性的槓桿,避免有失公正的差異所造成的負面效應,應該是激發活化原動力的要素之二。

降薪:油水要慢慢地擠

前蘇聯有位著名經濟學家說過:「人們的經濟收入具有不可逆向性。」在企業裡,如果企業改變分配政策,降低員工收入,往往就會導致消極對抗行為,有的乾脆離職而去。

　　當市場需求旺盛，產品利潤空間頗大，企業往往實施高額佣金制，意在刺激銷售人員在那個階段的能動性。當市場需求出現回落趨向，價差空間迅速變窄時，企業如果依然保持原來的高佣金制，肯定是不行的。

　　這個時候，企業就處在一個兩難境地：若要降低佣金額度，銷售人員的積極性就會大受挫傷；如果不降低，企業就難於承受市場成本的壓力。在兩者必選其一的情況下，企業萬不得已，往往只能選擇後者。

　　面對這種不得不降低員工收入的形勢，關鍵在於如何「轉好這個彎」，遵循微調原則，講究分步節奏，兼顧到了人的心理感受，盡可能把彎轉得大一點。不然的話，雖然降薪的出發點是為了企業的利益，但如果員工收入一下子跌落太多，結果帶來人事動盪及經營波動，這就有問題了。

智者慧語

　　管理者和員工之間雖然存在博奕的對立關係，但是，同樣是合作夥伴的關係。因此，作為管理者的目光不能過於狹隘，激勵的制度應該是以共同將蛋糕做大為出發點。企業與員工應該實現雙贏的目標，而不應該將重心放在如何從員工手裡得到更多。

連結解讀

原文精華

既以非之，何以易之？子墨子言曰：「以兼相愛，交相利之法易之。」

——《兼愛中第十五》

今譯

既然已經認為它（不相愛）不對，那麼用什麼去改變呢？墨子說：「用互相親愛，交互得利的方法去改變。」

兼相愛，交相利。

——墨子·《兼愛中》

墨子對於世上的一切亂事，找出了一個根源——「不相愛」。因此，他想出了一個補救的方法——「兼相愛」。

墨子說，如果想反對別人的意見，一定要提出可以替代它的新意見來；假如只為反對而反對，提不出任何可以代替的意見，那就等於以水救水，以火救火，一點用也沒有。所以墨子主張，以「兼相愛、交相利」替代「別相惡、交相賊」。

▎三十六 管理中的「換位思考」

「換位思考」，指在管理過程中主客體雙方發生矛盾時，能站在對方的立場上思考問題。對內，管理者應該站在員工的角度

去思考問題，解決問題；對外，企業應當站在客戶的角度，想客戶之所想，急客戶之所急。

子墨子言曰：「視人之國若視其國，視人之家若視其家，視人之身若視其身。」

——語出《墨子·兼愛中》

《墨子·兼愛中》有：

「然則兼相愛、交相利之法將奈何哉？子墨子言曰：『視人之國若視其國，視人之家若視其家，視人之身若視其身。』」

其意即，「兼相愛、交相利」如何做呢？那就是，看待別人的國家就好像自己的國家，看待別人的家族就好像自己的家族，看待別人的身體就好像自己的身體一樣。

墨子在此提出了人際交往中的一個重要原則——「換位思考」、「視人若己」，就是多從對方的角度考慮問題，這樣就可以避免誤解、消除衝突。

墨子的這一思想也被運用到企業的日常管理工作中。實踐證明，「換位思考」是一種先進的管理理念和有效的管理手段，尤其是在二十一世紀的今天，知識經濟的崛起，使得企業外部市場競爭日益激烈，企業內部員工個人素質在不斷提高，對管理提出了更高的要求，「換位思考」顯得更為重要。

整體而言，「換位思考」在管理中具有以下作用：

（一）「換位思考」有利於企業的可持續發展

企業的可持續發展，有賴於正確的發展策略。企業只有在兼顧社會利益的前提下，對內為員工著想、為股東著想，才能制定出正確的發展策略；策略就是方向，方向正確就不會因為盲目擴張、隨意多元化發展而衰落。對外為顧客著想，為客戶著想，不要急功近利，那麼，假冒偽劣、坑蒙拐騙也就不會如此猖獗。同時兼顧社會利益也是站在社會角度換位思考的表現。

（二）「換位思考」有利於建立良好的企業文化

企業的發展，從上看需要正確的發展策略，從下看需要良好的企業文化。有專家預言，企業文化在下一個十年內，將成為決定企業興衰的關鍵因素。企業文化就像企業的靈魂，要有特色，要深入人心，應能夠引起員工以及社會各方的共鳴。換位思考以誠信為基礎，誠信又是合作的前提。企業內部需要員工從上到下的合作，外部需要合作夥伴、競爭對手、顧客與客戶以及社會各界方方面面的合作，合作是建立企業文化的基礎。合作的成功，乍一看依賴於資金和技術的合力，實質上更有賴於人的合力與心的合力的最佳組合。換位思考可以營造一種寬鬆和諧的氣氛，實施愉快式管理，對建立以合作為前提、雙贏式的企業文化至關重要。

（三）「換位思考」有利於進行有效的管理溝通

管理溝通既指組織資訊的正式傳遞，又包括人員、群體之間的情感互動，前者以制度為基礎，後者以換位思考為前提。在管理過程中，管理者每天所做的大部分決策事務，都是圍繞溝通進

行的，需要與上級、下屬、公眾進行交流。正像管理大師杜拉克所說：「沒有人與人之間的溝通，就不可能實行有效的領導。」在溝通中透過換位思考，可以相互了解、相互尊重，增強信心，建立信任關係，因此，換位思考是管理溝通的潤滑劑。

換位思考通俗易懂，使用中卻有不少技巧，運用得當，會事半功倍；反之，則會事倍功半。正確地進行換位思考，應注意以下幾點：

（一）「換位思考」只宜律己，不宜律他

作為管理者，只能要求自己換位思考，為下屬著想、為顧客著想，而不能要求下屬為領導者著想，顧客為商家著想；如果下屬善於換位思考，或顧客善於換位思考，則是管理者或商家的榮幸，企業的管理會比較順利，商家的銷售也不會出亂子。

（二）「換位思考」只宜行動，不宜宣傳

換位思考在管理中強調重視人情，在默默中得到的效果，要強於先講出來再付諸行動。企業的經營理念分為對內和對外兩部分，對外是指企業的外部形象、對顧客的滿意程度等，對外宣傳的這一部分應當以誠懇、謙遜的態度表達出來，是企業的追求目標。對內是指企業的內部素質、對員工的要求，換位思考主要指對內這一部分，應當嚴格、求實，與對外宣傳的企業形象本質上一致，形式上卻有不同。例如，某一家電商場將售後服務中服務人員的行為規範，以廣告的形式打出去，使之家喻戶曉，什麼「到顧客家裡不抽菸、不喝水，進門要在鞋子上套塑膠袋」等等細節，如果在實際中做到，顧客會非常感動，認為服務人員素質高，近

人情，管理有規範；而事先透過廣告大肆宣傳之後，給顧客的感覺未免小題大做，甚至有的顧客會認為，這些本來就是應當做到的，有什麼可炫耀的，而且一旦有一點未做到，則有失信的嫌疑。

（三）「換位思考」只宜上對下，不宜下對上

換位思考在使用中具有方向性，只適宜上級對下屬或商家對顧客換位思考，而不能要求下級對領導者換位思考。上對下換位思考有利於採納群眾意見，實行民主管理，特別是下級提出的一些較尖銳的問題，在換位思考的狀態下，上級就可能聽得進去，這就有利於提高管理者的管理水準。因此，換位思考只適宜上對下，不宜下對上。

（四）「換位思考」應當形成一種氛圍，深入人心，而不能只有少數人換位思考

換位思考實質上是人本管理的表現，更強調滿足人的心理需求，透過潛移默化而非規章制度，來樹立「人人為我，我為人人」的觀念。因此，應當形成一種氛圍，深入人心，只有把換位思考作為企業文化的一個組成部分，融入到每個員工的靈魂深處，落實到每個員工的日常行為中，才能從根本上增強員工的責任心，形成管理上的良性循環，促進企業的發展。

智者慧語

管理理論認為，「換位思考」的核心包括兩個方面：一方面，考慮對方的需求，滿足對方的需要；另一方面，了解對方的不足，幫助對方找到解決問題的方法。「換位思考」在管理中是極其重

要的。對員工要有深入的了解，是「換位思考」的基礎；對管理原則的把握，是「換位思考」的結果。

連結解讀

原文精華

然則兼相愛、交相利之法將奈何哉？子墨子言曰：「視人之國若視其國，視人之家若視其家，視人之身若視其身。」

——《兼愛中第十五》

今譯

「兼相愛、交相利」如何做呢？墨子說：「看待別人的國家就好像自己的國家，看待別人的家族就好像自己的家族，看待別人的身體就好像自己的身體一樣。」

三十七 從「換位思考」到「換位工作」

「換位工作」的目的是：在管理過程中雙方發生矛盾時，能夠站在對方的立場上來考慮問題，找出對方的合理點，進而提出雙方都能夠接受而且對企業有利的建議和對策，最終解決問題，實現雙贏或多贏。

子墨子言曰：「凡天下禍篡怨恨其所以起者，以不相愛生也。」

——語出《墨子·兼愛中》

　　墨子所提倡的「換位思考」，是一種先進的管理理念和有效的管理手段。但是，在實踐過程中發現，「換位思考」具有一定的局限性，還無法得到廣泛推廣。

　　首先，實行「換位思考」應具備有合作氛圍的企業文化，如此才能便於溝通和合作，否則，即使企業高層反覆要求，也只是偶爾為之而不能持久。

　　其次，實行「換位思考」對人員的素質要求比較高，它要求嚴以律己，寬以待人，要先付出，然後才有可能獲得回報。由於企業內部存在著不同的部門和個人的利益衝突，從利益最大化的角度出發，獲得雙贏是很困難的。

　　因此，只有在非常優秀的企業裡，這種體現著「人人為我，我為人人」觀念的人本管理思想的管理方法才能得到比較廣泛的推廣，而在大多數企業裡只能是少數人在進行，還不能形成一種氛圍。

　　那麼，如何才能把「換位思考」這種先進的管理思想落到實處呢？

　　「換位思考」需要站在對方的立場來考慮問題，但是受到企業內部的部門利益和個人利益的影響，它不可避免的受到各種干擾而難以持久地實施。而如果能透過某種變通的方式，使實施的人員必須站在對方的立場思考問題，則會取得一定的成效。這種方法就是「職位輪換制」的變化形式，也就是「換位工作制」。

企業內實施「職位輪換制」，是企業有計劃地讓員工輪換擔任若干種不同工作的方法，從而達到考察員工適應性和開發員工多種能力、進行在職培訓和培養主管的目的。

經過「職位輪換」後，不僅員工的能力提高了，技能更全面了，而且能夠相互理解對方的工作了，在配合上效率更高了，特別是上下工序間的「職位輪換」效果更好，能夠提出許多改進工作的辦法，使原職位的工作效率得到大幅度的提高，一些上下工序間長期得不到解決的問題，不需要上級的干預和協調，也能夠得到比較好的處理。

那麼，這種從「職位輪換制」發展出來的「換位工作制」能否在管理職位加以推廣呢？

眾所周知，「職位輪換制」在日本企業得到比較廣泛的應用：年輕員工進入公司以後，被有計劃地輪換到各種職位上，人力資源部門做好詳細的輪職記錄和績效考核，並對其中優秀者進行重點培養，使他們逐步了解和掌握公司的主要部門的情況，最終成為中高層的經營管理者。這形成了一種橫向調動逐漸螺旋上升的個人發展曲線。

企業在借鑑「職位輪換制」的先進經驗的同時，會發現「職位輪換制」存在一個弱點，就是見效較慢，一些需要盡快解決的問題無法用此方法加以解決。為此，企業可以把「換位工作制」推廣應用到管理職位，除了有計劃地在管理職位上實施「職位輪換制」以獲得長期成效外，也可根據需要，實施「換位工作制」這種較快速的管理方法，取得立竿見影的效果。

例如，行銷企劃部是公司對外開展業務的窗口之一，各分公司、事務所、代理商與客戶所簽訂的合約、資訊等均彙總到該部門，由該部門與公司內各部門溝通並最終確定。但是，倘若該部的相關人員對公司的產品和內部運作不熟悉，就會導致在技術設計和標準、生產運作等方面出現許多矛盾，反過來，對市場銷售也會帶來不利影響。雖然反覆要求相關人員要考慮其他部門的情況，但是受各種因素的制約，效果不盡人意。我的建議是，分別從生產管理部和技術部抽調一名員工，調入行銷企劃部去承擔相關工作。由於他們對公司的產品和內部運作非常熟悉，因此在優先滿足客戶要求的同時，在合約談判的前期就加強了與公司內部各相關部門的溝通，從而比較迅速和有效地解決了可能出現的問題，營運效率顯著提高。在這兩名員工調入之前，行銷部門可能有較為明顯的牴觸情緒，但隨著工作的展開和效果的顯現，行銷部門對他們的看法會發生明顯的變化。

智者慧語

「換位工作制」是鑑於「換位思考」難以廣泛應用在「職位輪換制」基礎上，發展起來的一種管理方法，是對「職位輪換制」的一種補充，是在具有比較密切業務聯繫的部門和職位之間的一種人員流動，在企業的管理實踐中發揮了一定的作用。

連結解讀

原文精華

凡天下禍篡怨恨其所以起者，以不相愛生也。是以仁者非之。

……

是故諸侯相愛則不野戰，家主相愛則不相篡，人與人相愛則不相賊，貴不敖賤，詐不欺愚。凡天下禍篡怨恨可使毋起者，以仁者譽之。

—— 《兼愛中第十五》

今譯

凡天下禍亂怨恨之所以產生，是因為不相愛。因此仁者認為不相愛是不對的。

......

因此諸侯相愛就不會互相攻戰，大夫相愛就不會互相掠奪，人與人相愛就不會互相殘害，尊貴的不傲視低賤的，聰明的不欺瞞愚笨的。凡是可以使天下禍亂怨恨不產生的原因，是相愛，所以仁者稱讚它。

▌三十八 領導者必須以身作則

古人云：「政者，正也，己不正，焉能正人！」領導者只有帶頭實踐自己提倡的道德標準和價值觀念，憑藉高尚的人格力量去贏得下屬的敬佩和信賴，才能對他人產生強大的吸引力、感染力和說服力。

子墨子言曰：「特上弗以為政，士不以為行故也。」

—— 語出《墨子·兼愛中》

墨子認為，兼愛的美好理想，可以透過上行下效的方法來加以實現。

墨子列舉事實，用許多生動有趣的故事來類比論證他的觀點。

晉文公喜歡臣下穿粗糙衣服，於是臣下都穿粗布衣、舊皮袍，頭戴粗綢帽，腳穿粗布鞋，佩劍不加裝飾，入內以此見君主，於外以此往來朝廷。

楚靈王喜歡臣下身材苗條，於是下級都儘量節食，一天只吃一頓飯，屏住氣息束緊腰帶，人餓得面黃肌瘦，拄著拐棍才能站起來，扶著牆頭才能走路。

越王勾踐喜歡戰士勇敢，專門訓練了三年，還不很放心，於是私下叫人放火焚燒宮船，假裝說：「越國的寶貝都在這裡！」越王親自播鼓，激勵戰士救火。戰士聽到鼓音，爭先跳水救火，死者不計其數。直到越王停止擊鼓，戰士還不肯後退。

墨子說，穿粗糙衣服、節食以使身材苗條和焚舟救火，這些事情雖然難以辦到，但是為了求得跟上級一致，卻都辦到了。兼愛學說對天下有利，並且實行起來不比前幾件事更難。其不能實行的原因，就是由於沒有上級喜歡它。

所謂上行下效，即上級怎麼做，下級就照著樣子學，由此可見領導者以身作則的重要性。

領導者是什麼？領導者是法定的帶頭人，是善於鼓動人心和恪守職責的典範。作為領導者，要做到行事要正，處事要端。在合法的範圍內，提出要求、命令與指揮、調度，對使命與目標負擔全部的責任。

作為領導者，對於屬下成員的表現予以評定，因其表現優異可給予各種酬賞肯定或讚美、滿足屬下成員需求。方式有：金錢獎勵、晉升職位、認可表揚、彈性自由、進修成長、行動或決策參與、給予偏愛的工作等。

若屬下成員的表現不符合要求或違抗命令，則對其行為進行處罰，使其遭受損失或痛苦。方式有：調職、扣薪、架空收回權力、降級、記過、解職等。

領導者要對工作非常熟練，經驗非常豐富，具有專家的形象與自信；能了解下屬關心及所憂慮的事，並設法解決。

領導者要提高自身的內在修養、道德節操為屬下成員接受、敬仰，可作為成員表率及模仿對象，能以德服人。領導者要掌握下屬所需要的資訊，並願意分享，透過自身力量積極影響下屬的行為。

古時，元順帝說：「徽宗是位多才多能的人，唯獨一件事沒有才能。」他的臣子問什麼事？他回答說：「唯獨不能當皇帝。他身體受侮辱，國家受破壞，都是不能當皇帝所造成的。凡是當君主的，重要的就是能當好君主，而徽宗卻不是這樣的人。」由此可知，一個做帝王的人，只要會當皇帝就夠了；一個做宰相的，只要會做宰相就行了。所以，在史書中稱仁宗為明君，而歷史稱丙吉為名相，就是君守君道，臣守臣道的例子。如果不懂得這一點就根本不能做領導者。至於怎樣做一個稱職的領導者，漢代飛將軍李廣給了我們一個權威的回答：

其一，以身作則，身先士卒。其身正，不令則行；其身不正，雖令不從。據《史記》記載：「廣之將兵，乏絕之處，見水，士卒不絕飲，廣不近水，士卒不盡食，廣不嘗食。寬緩不苛，士以此愛樂為用。」

其二，與下屬共進退，共榮辱。李廣每得賞賜，輒分其麾下，飲食與士共之。李廣死時：「廣軍士夫一軍一卒皆哭。百姓聞之，知與不知，無老壯，皆為垂涕。」

其三，軍令森嚴，組織有方。唐人周曇曾寫詩讚曰：「理國天難似理兵，兵家法令貴遵行。行刑不避君王寵，一笑隨刀八陣成。」

如果能做到以上三點，那麼領導者就不患有無功之臣，更不患有不忠君之士。

總之，要做一個優秀的「領導者」，必須不斷地在管理實踐中累積自己的才能和經驗。並請注意如下方法：

（一）培養豐富的人生體驗，這就要求走入人群，了解人與人相處的模式，遊戲規則。

（二）不斷學習，吸收新知識。

（三）學習好的領導者，如果你遇到好的領導者，儘量跟他在一起，向他學習，最好常跟他聊天，進行想法交流，了解他的人生態度及處事方法。

（四）聆聽下屬的建議。

（五）永不放棄。

智者慧語

領導者的威信是一個團隊的旗幟。威信沒了，旗幟就會倒掉。樹立領導者的威信，不是要領導者在下屬面前如何狐假虎威，盛氣凌人。而是要以身作則，嚴格要求自己，使下屬對你心悅誠服。

在墨子看來，「兼愛」不但有利於天下，而且容易做到，而之所以不能實施，是由於執政者不喜歡它。如果君主喜歡「兼愛」，用賞賜和稱讚來勸勉民眾，用刑罰來威懾民眾，那麼人們就會趨向「兼愛」，就如同火向上竄，水往低處流一樣，將在天下形成一種不可遏止的態勢。

連結解讀

原文精華

此何難之有？特上弗以為政，士不以為行故也。昔者晉文公好士之惡衣，故文公之臣，皆牂羊之裘，韋以帶劍，練帛之冠，入以見於君，出以踐朝。是其故何也？君說之，故臣為之也。昔者楚靈王好士細要，靈王之臣皆以一飯為節，肋息然後帶，扶牆然後起。比期年，朝有黧黑之危，是其故何也？君說之，故臣能之也。昔越王勾踐好士之勇，教訓其臣，和合之，焚舟失火，試其士曰：「越國之寶盡在此！」越王親自鼓其士而進之。士聞鼓音，破碎亂行，蹈火而死者，左右百人有餘。越王擊金而退之。是故子墨子言曰：「乃若夫少食、惡衣、殺身而為名，此天下百姓之所皆難也。若苟君說之，則眾能為之，況兼相愛，交相利與此異矣。

——《兼愛中第十五》

今譯

實行兼愛又有什麼困難的呢？只是君主不將它行之於政，人不以此來約束自己行為的緣故。以前，晉文公喜歡穿破舊衣服的人，所以文公的臣下都穿母羊皮製的皮衣，用沒有裝飾的皮製劍鞘盛劍，戴粗帛製的帽子，入內以此見君主，於外以此往來朝廷，這其中的緣由是什麼？君主喜歡，所以臣下去做。以前，楚靈王喜歡腰肢細的人，靈王的臣子以一天一頓飯為適量，深吸氣後繫上腰帶，扶著牆之後站起來。到了第二年，朝臣都餓得面色黧黑，這是什麼緣故呢？君主喜歡，所以臣下能去做。以前，越王勾踐喜歡勇猛之士，訓練自己的臣下時，把他們集合起來，放火焚燒舟船，考驗他的臣下說：「越國的珍寶都在這裡。」越王親自為他的臣下擊鼓，命其前進。將士們聽到鼓音，隊伍打亂，踏入火中而死的，百人有餘。越王鳴金命其退兵。因此墨子說：「像少吃飯，穿破衣，為成名而殺身，這是天下百姓都難以做到的事情。如果君主喜歡，那麼眾人就能去做，何況兼相愛、交相利是與此不同的。

兼愛

愛是人生的大境界，愛可以使人心地純潔善良。愛情、親情、友情以及悲天憫人之情，都是愛的體現。有愛就有責任，就有前進的動力。

愛是世界上最有威力的武器，它能摧毀困住人們心靈的高牆，讓懷疑與仇恨不復存在，愛會產生更美好的生活，讓和平永遠成為時代的主題。

三十九 感情投資不可忽略

每個人都不僅僅圍繞物質利益而生活，員工也不僅僅為了金錢而工作。人有精神的需求，有互相交流的需要。就企業管理而言，要想充分發揮員工的能力和作用，使員工盡職盡責，對員工進行感情投資必不可少。

子墨子言曰：「愛人者必見愛也，而惡人者必見惡也。」

——語出《墨子·兼愛下》

在《墨子·兼愛下》中，墨子引《詩經·大雅》文字說：

「無言而不售，無德而不報。投我以桃，報之以李。」

意思是說，沒有言辭不獲得回應，沒有恩德不得到報答。有人贈給我桃子，我會回敬他李子。墨子把這樣的詩句看作「兼愛」思想的「本源」，從中引申出「愛人者必見愛也，而惡人者必見惡也」，即以愛的態度待人，會得到愛的回報；以惡的態度待人，會得到惡的回報。在墨子看來，「兼愛」就猶如「投桃報李」。

「投我以桃，報之以李。」中國人素來講求禮尚往來，所謂「滴水之恩，湧泉相報」，說的就是這個道理。

《史記》中有信陵君竊符救趙的故事，他之所以能夠順利出城，與看守城門的一個小吏侯生的幫助是分不開的。侯生是一名隱士，他在放信陵君出城後引頸自殺。那他為什麼會不顧性命幫助信陵君呢？原因就在於信陵君不顧侯生貧賤而與他結交，並與他同乘一輛馬車同行過，使侯生產生了士為知己者死的念頭。

在當今社會的用人實踐中，也一定要有所付出，才能得到回報。在用人以報的投入中，不僅物質投入可以獲得回報，情感的投入也可以收到意想不到的效果，正如墨子所說：「愛人者必見愛也，而惡人者必見惡也。」實踐也證明，在用人過程中，感情投入不可忽略。

其一，領導者對員工的感情投資，可以有效地激發員工的潛在能力，使員工產生強大的使命感與奉獻精神。得到領導者的感情投資的員工，在內心深處會對領導者心存感激，認為領導者對自己有知遇之恩，因而「知恩圖報」，願意更加盡心盡力地工作。

其二，領導者對員工的感情投資，會使員工產生「歸屬感」，而這種「歸屬感」正是員工願意充分發揮自己能力的重要源泉之一。人人都不希望被排斥在領導者的視線之外，更不希望自己有朝一日會成為被炒的對象，如果得到了來自領導者的感情投資，員工的心理無疑會安穩、平靜得多，所以更願意付出自己的力量與智慧。

其三，領導者對員工的感情投資，可以有效地激發員工的開拓意識和創新精神，鼓足勇氣，不會「前怕狼後怕虎」，所以工作起來便無所擔心。人的創新精神的發揮是有條件的，當人們心中存有疑慮時，便不敢創新，而是抱著「寧可不做，也不可做錯」的心理，只求把分內的工作做好就行了。如果領導者能夠對員工進行感情投資，建立的信任感、親密感越充分，就會越有效地消除員工心中的各種疑慮和擔憂，員工就會更願意把自己各方面的潛能都發揮出來。

這是領導者對員工進行感情投資的最根本原因。不懂得對員工進行感情投資的領導者，不可能成為成功的、卓越的領導者。想讓別人聽從你的指揮，拚命為你工作，不能只靠強制和命令，還必須透過感情投資激發員工的巨大潛能。領導者如何對員工進行感情投資呢？

（一）對員工要關愛

作為領導者，要關心、愛護員工。只有關愛員工，才能獲得員工的尊敬。在對員工的工作嚴格要求的同時，要為員工拓展工作及創造業績提供條件，還要在生活上關心員工。當員工在工作、生活中遇到困難時，要及時給予幫助；當員工工作不順利、情緒低落時，要及時與其一起分析原因並給予鼓勵；當員工身體不舒服時，要噓寒問暖；當員工家庭成員及其親屬遇到困難時，也要盡可能給予幫助。

（二）尊重員工

每個人都有自尊心，都希望被人尊重。一旦被尊重，便會產生不辱使命的心理，工作意念與幹勁特別高昂。一個人不論具有多大的才能，若無法滿足其被尊重的欲望，便會削弱他的工作積極性。尊重員工，可以從以下幾個方面入手：不強制工作，凡事先徵得員工的同意；誠懇、友善對待員工；信賴員工；幫助員工升遷；遵守與部屬約定的事項；尊重員工的自尊心，不要瞧不起員工；以員工的立場考慮事情。

所謂好的領導者都是尊重人的領導者，他並非以工作為重心而加以監督，而是以人為重心加以信賴。對下屬從不以支配者自

居，是一種懂得下屬心情與立場的領導者。員工得到領導者的尊重，心中就會有滿足感，自然會盡心盡力做事。

（三）寬容下屬

一般來說，領導者的工作能力和管理經驗都要比下屬略勝一籌，領導者居高臨下很容易發現下屬的不足之處，而且也容易向他們提出高標準、嚴要求。

領導者應當清楚地了解下屬的能力，而且要因材施用，不要總以自己的工作能力來衡量和要求下屬。對員工進行嚴格要求是必要的，但嚴格要求與寬容之間並不矛盾。嚴格要求是指領導者對下屬制定高標準，而寬容則是當下屬犯錯誤或由於某種原因而未能達到工作要求時，應該採取的態度。當寬容下屬時，下屬不會因此而散漫，反而會激發他的工作熱情。如果一個領導者總是挑下屬的毛病，就會極大地削弱下屬的工作熱情，甚至會使他們產生反感。所以每一位領導者都應該做到「嚴於律己，寬以待人」。

寬容也是一種重要的用人之道。作為一名領導者必須想得開，看得遠，從發展的角度考慮，從大局考慮，得饒人處且饒人，對員工要學會寬容。

（四）善於讚揚員工

領導者的讚揚可以滿足員工的榮譽感和成就感，使其在精神上受到鼓勵。當員工做出成績時，對其進行物質的激勵是必要的，但物質激勵具有很大的局限性。員工的優點和長處也不都適合用物質獎勵。相比之下，對下屬進行恰當的讚揚，不需要冒多大風

險，也不需要多少本錢或代價，就很容易滿足一個人的榮譽感和成就感。領導者的讚揚可以使員工認知到自己在群體中的位置和價值，以及在領導者心目中的形象。

人們都很在乎自己在領導者心目中的形象，非常在乎領導者對自己的看法。領導者的表揚往往具有權威性，是員工確立自己在公司單位的價值和位置的依據。員工很認真地完成了一項任務或做出一些成績，從內心裡盼望或期待著領導者給予肯定。如果領導者沒有關注或給予不公正的表示，他就會產生「反正主管也看不見，做好做壞一個樣」的想法。領導者的讚揚不僅表明領導者對員工的肯定和賞識，還表明領導者很關注員工的事情，對他的一言一行都很關心。領導者對員工的讚揚，還能夠消除員工對領導者的疑慮與隔閡，密切兩者關係，有利於上下團結。

（五）利用待遇滿足員工的物質需求

薪資待遇是滿足員工生存需要的重要手段。較高的薪資收入，不僅是員工生活的保障，也是員工社會地位、角色扮演和個人成就的象徵。

薪資激勵必須貫徹業績掛鉤、獎勤罰懶的原則。薪資水準與勞動成果掛鉤，使升了級的人滿足，升不了級的人服氣。獎金是超額勞動的報酬，設立獎金是為了激勵人們超額勞動的積極性。在發揮獎金激勵作用的實際操作中，要信守諾言，不能失信於職工。失信一次，會造成千百次重新激勵的困難。不能採取平均主義，獎金如果平均發放，就發揮不了激勵作用了。要使獎金的增長與企業的發展緊密相聯，讓員工體會到，只有企業興旺發達，

自己的獎金才能不斷提高,而員工的這種認知就會收到同舟共濟的效果。

(六)及時提升下屬,並幫助下屬進步

提升,是對下屬卓越表現最具體、最有價值的肯定方式和獎勵方式。提升得當,可以產生積極的導向作用,培養向優秀員工看齊和積極向上的企業精神,激勵全體員工的士氣。因此,領導者要幫助員工在職務上進步,善於運用提升員工的權力。

(七)讓員工分享自己的成功

作為一名領導者,不但要成人之美,幫助員工進步,還要設法讓員工分享你現有的成果。當你晉級晉職時,別忘了那些為團體勤奮貢獻的員工,應設法讓他們也有所晉升,讓他們得到一些獎勵,把他們推薦到更好的職位。讓員工分享你的成功,也是自己再創佳績的基礎。

(八)與下屬一起承擔責任

教導下屬正確做事是領導者的職責之一。當下屬犯錯誤時,主管即使沒有直接責任,也有監督不力或委託不當之過。所以當員工闖禍時,要先冷靜地檢討一下自己。如果完全是下屬的疏忽,可與下屬一起分析出現過錯的原因,並幫助下屬糾正過錯,減少損失。要尊重下屬,切忌向下屬大發雷霆,尤其是在大庭廣眾之下。如果當眾指責員工,會傷害員工的自尊心,使他覺得無地自容。要選擇適當的方式,如私底下,面對面,對員工提出批評。在上司面前,也不能推卸責任,要有主管的風度──與部屬一起承認過錯。

智者慧語

投桃報李，必須出自真心，切不可給人以虛情假意、矯揉造作之感。那種「平時不燒香，臨時抱佛腳」的做法，是一種市場上買賣商品的做法，與用人以報的原則格格不入。

虛情假意的付出，只會招致別人的厭惡和痛恨，更別說會給予什麼回報了。俗語說偷雞不成反蝕一把米，便是此義。想當初孫吳想籠絡劉備，不惜以聯姻為誘餌讓劉備上鉤，這樣的付出可謂多矣，但要害就在於其存心不善，因此不僅沒有得到期望的回報，反而讓劉備白得了一個嬌妻。「周郎妙計安天下，賠了夫人又折兵」，成了千古笑談，這一點用人者不可不察。

墨子救濟窮人

子墨子言曰：「愛人者必見愛也，而惡人者必見惡也。」即以愛的態度待人，會得到愛的回報；以惡的態度待人，會得到惡的回報。

「投我以桃，報之以李。」中國人素來講求禮尚往來，所謂「滴水之恩，湧泉相報」，說的就是這個道理。

連結解讀

原文精華

姑嘗本原先王之所書，《大雅》之所道，曰：「無言而不仇，無德而不報。投我以桃，報之以李。」即此言愛人者必見愛也，

而惡人者必見惡也。不識天下之士所以皆聞愛而非之者，其故何也？

—— 《兼愛下第十六》

今譯

姑且試著推究一下先王之書《大雅》的話，《大雅》說：「沒有言辭不獲得回應，沒有恩德不得到報答。有人贈給我桃子，我會回敬他李子。」這是說，愛別人的一定會被別人愛，而憎恨別人的也會被別人所憎恨。不知天下之人聽到兼愛都加以反對，原因何在？

四十 柔性管理

「柔性管理」是相對於「剛性管理」提出來的。「剛性管理」以「規章制度為中心」，用制度約束管理員工。而「柔性管理」則「以人為中心」，對員工進行人格化管理。柔性管理是二十一世紀企業管理發展的新趨勢。

子墨子言曰：「故兼者，聖王之道，而萬民之大利也。」

—— 語出《墨子·兼愛下》

墨子的「兼相愛、交相利」思想的實質，是一種「柔性管理」，它透過人們之間的互動的相愛來改善人際關係，消除破壞性衝突，創造良好的社會環境，使人們既能「自愛」又能「愛人」，從而使每個人的利益都能得到滿足，這符合人性的需要，又符合社會道德法律規範。日本的池田大作認為「墨子的愛比孔子的愛

更為現代人所需要。」美國的威廉·詹姆斯認為「『柔性管理』正是墨子『兼相愛、交相利』思想的再現與復活，這對於增強企業的凝聚力，無疑具有較大的作用。」

所謂「柔性管理」，是以人為中心，依據企業的價值觀和文化、精神氛圍所進行的人格化管理，它是在研究人的心理和行為規律的基礎上，採用非強制性方式，在員工心目中產生一種潛在的說服力，從而把組織意志變為個人的自覺行動。

柔性管理的特徵

（一）內在的驅動性

柔性管理的最大特點是其實施不依靠權力的影響力（如上級的號令），而依賴於員工的心理過程，依賴於每個員工內心深處激發的主動性、內在潛力和創造精神，因此具有明顯的內在驅動性。不過，只有當企業規範轉化為員工的自覺意識，企業目標轉變為員工的自發行動，從而形成內在的驅動力時，自我約束力才會產生。

（二）影響的持久性

柔性管理要求員工把外在的規定轉變為內心的承諾，並最終轉變為自覺的行動。這一轉化過程是需要時間的。由於員工的個體差異、企業的文化傳統及周圍環境等多種因素的影響，企業目標與個人目標之間往往難以協調。然而一旦協調一致，便獲得相對獨立性，對員工具有強大而持久的影響力。

（三）激勵的有效性

柔性管理激勵的有效性體現了人的多層需求，即生理需求、安全需求、社交需求、尊重需求以及自我實現需求。赫茲伯格的雙因素理論指出：為維持生活所必須滿足的低層需求，如生理需求、安全需求、社會交往需求，相當於保健因素，而被尊重和自我實現的高層需求則屬於激勵因素。一般來說，柔性管理主要滿足員工的高層需求，因而具有有效的激勵作用。

柔性管理在企業管理中的作用

（一）激發人的創造性

在工業社會，主要財富來源於資產，而知識經濟時代的主要財富來源於知識。知識根據其存在形式，可分為顯性知識和隱性知識，前者主要是指以專利、科學發明和特殊技術等形式存在的知識，後者則指員工的創造性知識、思想的體現。顯性知識人所共知，而隱性知識只存在於員工的頭腦中，難以掌握和控制。要讓員工自覺、自願地將自己的知識、思想奉獻給企業，實現「知識共享」，單靠「剛性管理」不行，只能透過「柔性管理」。

（二）適應瞬息萬變的外部環境

知識經濟時代是資訊爆炸的時代，外部環境的易變性與複雜性，一方面要求策略決策者必須整合各類專業人員的智慧；另一方面又要求策略決策的發表必須快速。這意味著必須打破嚴格部門分工的界限，實行職能的重新組合，讓每個員工或每個團隊獲得獨立處理問題的能力，獨立履行職責的權利，而不必層層請示。因而僅僅依靠規章制度，難以有效地管理該類組織，而只有透過

「柔性管理」，才能提供「人盡其才」的機制和環境，才能迅速準確地做出決策，才能在激烈的競爭中立於不敗之地。

（三）滿足柔性生產的需要

在知識經濟時代，人們的消費觀念、消費習慣和審美情趣也處在不斷的變化之中，滿足「個性消費者」的需要，對內賦予每個員工以責任，這可以看作是當代生產經營的必然趨勢。知識型企業生產組織上的這種巨大變化，必然要反映到管理模式上來，導致管理模式的轉化，使「柔性管理」成為必然。

柔性管理的內容

柔性管理主要是以人為中心，整合情感要素、組織要素、服務要素、品質要素、策略要素、技術要素、行銷要素、心理要素為一體，因此，柔性管理要掌握好以下幾項工作：

（一）情感柔性

注重情感投資、樹立領導風範，具備極強的感召力、親和力、凝聚力，做好企業文化的基礎建設，創造民主管理風格，重視人力資源開發與培養。

（二）組織柔性

發揮組織管理優勢，敢於放權。由集權向分權過渡，由金字塔組織結構向扁平化組織結構過渡。

（三）服務柔性

大力推行管理者為員工服務，員工為公司服務，公司為社會服務、為客戶服務，情真意切、專心致志，建立起企業內部、社會、客戶的「情感鏈」。

（四）質量柔性

品質高於一切，從提高人的品質做起。因為人的品質是產品品質的重要保證。只有掌握好人的品質才能掌握好產品品質。

（五）策略柔性

在確定策略目標的前提下，增強策略的多變性，實行彈性預算，推行滾動計劃。

（六）行銷柔性

注重行銷企劃手段，利用各種靈活的行銷方式，採取多種有效的組合來吸引消費者。攻市場應先攻心，只有打動消費者的心，才能有效地刺激消費。

（七）技術柔性

充分利用高新技術提高管理效率，如辦公自動化、物流資訊化、設備現代化等。

（八）心理柔性

注重視覺標識管理、看板管理、顏色管理等，科學運用心理學的原理和方法，激發工作熱情，及時調整員工心態。

智者慧語

在經濟全球化的今天，激烈的市場競爭，越來越顯示出科學管理的重要性與必要性。推動管理創新，提高管理能力，講究效率、注重方法，是做好現代企業管理的必要手段。當前，代表著新技術革命時代發展趨勢的柔性管理，正日益成為企業管理的新特色，越來越被管理者與被管理者所接受。

連結解讀

原文精華

故兼者，聖王之道也，王公大人之所以安也，萬民衣食之所以足也。故君子莫若審兼而務行之。為人君必惠，為人臣必忠，為人父必慈，為人子必孝，為人兄必友，為人弟必悌。故君子莫若欲為惠君、忠臣、慈父、孝子、友兄、悌弟，當若兼之不可不行也。此聖王之道，而萬民之大利也。

——《兼愛下第十六》

今譯

所以說兼愛是聖王的常道，王公大人因此能夠安定，萬民的衣食因此能夠足用。所以君子最好細察兼愛的道理而努力去實行它。做人君的一定要施恩惠，做臣子的一定要忠誠，做人父的一定要慈愛，做人子的一定要孝敬，做人兄的一定要愛護弟弟，做人弟的必須敬順兄長。所以君子如果想做仁惠之君、忠誠之臣、慈愛之父、孝敬之子、友愛之兄、敬順之弟，就不能不實行兼愛。這是聖王的常道，萬民的大利。

非攻篇

「非攻」是反對攻伐的意思。墨子看見當時諸侯互相攻伐，戰禍慘酷，因而提出「非攻」之論。「非攻」是墨子學說中最重要的具體主張，「非攻」其實是實踐「兼愛」的實務之一，「兼愛」是「非攻」理論上的依據。「兼愛」的目的在袪除個人心理的偏私，「非攻」則在消弭國家間的戰爭。戰爭，無論在物質，還是精神、性命等方面，都是莫大的浪費。墨子說攻戰不利，有個很妙的譬喻，就是「大國之攻小國，譬猶童子之為馬也」，說大國攻打小國，就像小孩子騎竹馬一樣，用自己的腿跑，累的還是自己的腿。被攻的固然損失慘重，攻人的也一樣討不到便宜，損失也是無法估計的。雖然，每一場戰爭必有獲勝的，然而循環往復，最後皆受其禍。所以，戰爭不僅不義，且亦無利。

█四十一 企業應有公德和責任心

在市場經濟條件下，企業的天性就是追求利潤最大化。但是，如果企業採取損人利己的行為追求利潤最大化，透過降低員工的工作條件等獲取短期利潤，向社會提供不合格、不符合社會主流價值觀的產品來滿足企業的利潤目標，企業必得不償失、盡失人心。

子墨子言曰：「苟虧人愈多，其不仁茲甚矣，罪益厚。」

——語出《墨子·非攻上》

「非攻」即反對攻伐的意思，是墨家的代表理論之一。

墨子見當時諸侯間的兼併戰爭不斷，人民流離失所，因而提出了「非攻」的主張。墨子認為，無論對戰勝國還是戰敗國而言，戰爭都是天下的「巨害」，它既不合於「聖王之道」，也不合於「國家百姓之利」。

「非攻」是墨子學說中最重要的具體主張，「非攻」其實是實踐「兼愛」的實務之一，「兼愛」是「非攻」理論上的依據。「兼愛」的目的在袪除個人心理的偏私，「非攻」則在消弭國家間的戰爭。

在《墨子·非攻上》中，墨子開篇提出了「苟虧人愈多，其不仁茲甚矣，罪益厚」的觀點，即如果損害別人越多，他的不仁也就更進一步，罪惡也就更加深重。墨子舉例說：

有一個人，他偷偷地進入別人家的果園，偷竊別人的桃子和李子。這個人如果被發現了，人們會指責他，官府也會逮捕他，並且處罰他。為什麼呢？因為他損害別人而使自己得利。

假如這個人偷竊別人的雞鴨豬狗，這種行為比進別人園子偷竊桃李更加不義。這是為什麼？因為他損害別人更多，不仁也更加明顯，罪惡也就更加深重。

假如這個人到別人的牛欄馬廐裡偷竊牛馬，他的不仁不義比偷竊別人的雞鴨豬狗更加明顯。這是為什麼？因為他損害別人更多。如果損害別人越多，不仁也就更進一步，罪惡也就越加深重。

假如這個人殺害無辜之人，奪取他的皮衣戈劍，這種不義又比進入別人的牛欄馬廐偷別人的牛馬更進一步。這是為什麼？因

為他損害別人更多。如果損害別人越多，他的不仁也就更進一步，罪惡也就更加深重。

墨子反覆強調了「苟虧人愈多，其不仁茲甚矣，罪益厚」，可見，墨子反對「虧人自利」。「虧人自利」者為人所不恥，被人指責，遭人唾棄，而且會得到應有的懲罰。這也應該成為企業家自我警醒的至理名言。

如果一個企業「虧人自利」，即使得利於一時一事，但最終會喪失人心，害人害己，在激烈的競爭中不可能有生存和發展的機會。隨著市場體制的逐漸完善，「虧人自利」的企業必將被逐出市場，「虧人自利」的代價將會愈加慘重。這警示我們的企業和企業家，任何時候，都要注意提高自己的道德層次，透過自省和自我約束建立信譽，贏得人心，最終獲得應得到的正當利益，甚至超額利潤。

企業和企業家摒棄「虧人自利」，建立信譽，贏得人心，在我看來，應該包括兩大方面：一是對內贏得員工之心；二是對外贏得顧客和消費者之心，贏得合作者之心，贏得社會之心，甚至要以良好的競爭理念，贏得競爭者之心，令競爭者也心悅誠服。

員工是企業的主體。贏得員工之心，換來員工的積極性、主動性、創造性和奉獻精神，是企業成功的根本。贏得員工之心主要靠什麼？靠的就是言必行、行必果、誠實守信。因為報酬總是有限的，而雙方的約定和契約才重如千金。作為一個企業領導者，要誠實地面對員工，切不可只開空頭支票卻並不準備兌現。英國管理學家羅傑·福爾克就曾一針見血地指出：「世界上最容易損害一個經理威信的，莫過於被人發現在進行欺騙。」

贏得顧客之心，靠的是兌現在產品和服務方面的承諾。比如：

（一）文明禮貌服務

良好的顧客印象，是促成顧客購買行為的重要因素，是良好信譽的標誌之一。企業銷售部門及企業的工作人員，在接觸顧客時，一定要語言文明，笑臉迎人，殷勤接待，服務迅速，百問不厭，百挑不煩，穿著整齊，尊重顧客，注意周圍環境的清潔美觀。如此才能讓顧客留下美好的印象，建立和顧客間愉快而親切的關係。

由於賣方市場轉變為買方市場，而今服務領域的服務態度已有很大改觀，但欺客現象仍然屢見不鮮。有的服務人員對顧客面目冰冷，令人望而生畏；有的對顧客橫眉冷對，惡語相加；更有甚者，做「霸王生意」，強迫交易，漫天要價，敲詐勒索，動手打人。顧客進了店門，就如小媳婦見婆婆，惶惶然倍加小心，恂恂然掛著笑臉。膽小者過其門而不敢入，膽大者也不願來此受氣。許多商場、店鋪就是以這種服務態度把顧客趕跑的。還有的企業人員，臉上雖掛著笑容，但誠信卻大打折扣，一旦生意成交，便又是一副面孔。更有甚者，甜言蜜語是騙人的誘餌，笑臉的背後是陷阱。可以想到在一個騙局不斷上演，失信司空見慣的環境中，顧客總是提心吊膽、生怕上當，怎會放心購物和消費？

（二）商品貨真價實，而不是「假、冒、偽、劣」

製造一個好的「顧客印象」，是成交的第一步，但贏得顧客的根本是靠物美價廉，貨真價實。因為顧客購買行為的目標就在於此。俗話說：「好酒不怕巷子深」，「人叫人千呼不來，貨叫

人點首即到」，從強調產品品質來說，這些話無可非議。一個企業，必須靠優質、廉價的產品，樹立起自己的高大形象，去征服顧客和市場。如果產品、價格不能使顧客滿意，甚至質次價高，以次充好，冒牌頂替，即使表面行為上能「取悅」顧客，亦屬徒勞無功。

（三）真誠到永遠，全心為顧客

全心全意為顧客著想，為顧客服務，不僅能贏得顧客之心，而且可以擴大企業的經營範圍，增加企業的經營項目。因此，企業在經銷中，要想顧客之所想，服務儘量周到；急顧客之所急，努力為顧客排憂解難。

海爾集團認為，世界上沒有十全十美的產品，但可以有百分之百滿意的服務。海爾員工踐行「真誠到永遠」的道德準則，一次次為顧客提供盡可能完美的服務。美國優質服務科學協會在全球範圍內蒐集用戶對海爾產品的不滿意見，最終的結果是零。於是海爾贏得了國際星級服務頂級榮譽獎——五星鑽石獎，而這在亞洲是第一家，也是唯一一家。正是靠真誠服務，以德謀勢，海爾換來了顧客的忠誠和廣闊的海內外市場。至於小企業、小商家，財微力薄，要想生存和發展，誠信待人、為顧客提供貨真價實的產品和良好的服務，更是不二法門。

（四）信守承諾，誠實不欺

中國有句諺語叫「種瓜得瓜，種豆得豆」，這是一條屢試不爽的黃金法則。須知：沒有耕耘，沒有收穫；沒有付出，沒有報償；沒有永遠的真誠和良好的服務，就沒有長久的生存和廣闊的

空間。有些企業和商家，大搞產品欺騙、價格欺騙、服務欺騙，可能會獲利於一時，但終究會受到應有的懲罰。

一個企業生於社會，長於社會，就應該誠實面對公眾，真誠回報社會。美國福特公司的老福特說過：「商業的真正目的，在於供給人類之欲望，而並非獲利；利潤制度之所以產生，僅僅在於鼓勵人從事商業而已。」可見，在老福特看來，「社會責任」才是目的，「獲得利潤」只是達到「社會責任」的手段。一個企業要有對公眾對社會的高度責任感，一方面為社會提供優質產品和良好服務，同時還要以社會大家庭一員的姿態，關心這個大家庭和家庭中的每一位成員，熱心各項公益事業，積極參加各種公益活動，當社會出現危情，當某個成員遭遇困難時，付出自己的關愛，伸出援助之手，並把此當作自己理所當然的分內之事，毫不矯情和炫耀。

重視環境保護，關注生態平衡，已經是現代社會的普通共識。它不僅影響人們的生活品質和健康、壽命，而且是一個地區、一個國家可持續發展的重要約束條件。而現代工業三廢、服務業所產生的生活三廢以及各種噪音，是環境的主要汙染源，這些都與企業和商家有關，如果企業和商家具有公德和責任感，就應誠心篤行地致力於汙染治理和環境保護，而不能只講求內部的經濟性，以鄰為壑，以社區為壑，以大自然為壑。

企業在生產經營中講誠信、講公德、還有許多方面。比如與合作者之間要嚴守合約，全面履行合約規定的義務。當前，經濟生活中違約行為不斷發生，利用合約欺詐屢見不鮮，企業間三角債呈蔓延之勢，逃債、金融詐騙現象常見諸報端，不僅影響金融

體系，乃至社會經濟的穩定，而且增大了企業運行的社會成本，始作俑者最終也不會有好下場。再如企業對競爭者，也要講公德、講誠信、守法、遵德競爭，公平、公開、正當競爭，而不能損害競爭者的合法權益，擾亂社會經濟秩序。

智者慧語

一個企業的良好信譽，是全體員工長期努力的結果，不能是突擊，不能一陣子。有時一次的不檢點，就可能將多年的努力付諸流水。「勝敵者，一時之功也；全信者，萬世之利也。」精明的企業家切不可「小利害信，小怒傷義」，玷汙企業的形象，有損企業的信譽。「巧詐不如拙誠」，有時企業寧可暫時失去一筆生意，也不能弄虛作假，欺騙顧客，失去顧客的信任。

墨子止楚攻宋

據《墨子公輸》篇記載，公輸般（魯班）為楚國製造了攻城器械「雲梯」。楚王決定用雲梯去攻打宋國。墨子聽到這個消息，從魯國出發，走了十天十夜，趕到楚國都城郢，憑著過人的膽識、出色的口才、堅強的防禦本領，終於說服公輸般和楚王停止了侵略宋國的戰爭。

連結解讀

原文精華

今有一人入人園圃，竊其桃李。眾聞則非之，上為政者得則罰之。此何也？以虧人自利也。至攘人犬豕雞豚者，其不義又甚入園圃竊桃李。是何故也？以虧人愈多，其不仁茲甚，罪益厚。

至入人欄廄取人馬牛者，其不仁義又甚攘人犬豕雞豚。此何故也？以其虧人愈多。苟虧人愈多，其不仁茲甚，罪益厚。至殺不辜人也，其衣裘取戈劍者，其不義又甚入人欄廄取人馬牛。此何故也？以其虧人愈多。苟虧人愈多，其不仁茲甚矣，罪益厚。當此，天下之君子皆知而非之，謂之不義。今至大為攻國，則弗知非，從而譽之，謂之義。此何謂知義與不義之別乎？

——《非攻上第十七》

今譯

現在假使有一個人，進入別人家的園子，偷竊桃李，大家聽到了之後就會指責他，上邊執政的人捉到他後就會處罰他。這是為什麼？原因他損害別人使自己得利。至於偷竊別人的雞豬狗，這種行為比進別人園子偷竊桃李更加不義，這是為什麼，因為他損害別人更多，不仁也更加明顯，罪惡也就更加深重。至於到別人的牛欄馬廄裡偷竊牛馬的，他的不仁不義比偷竊別人的雞豬狗更加明顯。這是為什麼？因為他損害別人更多。如果損害別人越多，不仁也就更進一步，罪惡也就越加深重。至於殺害無辜之人，奪取他的皮衣戈劍，這種不義又比進入別人的牛欄馬廄偷別人的牛馬更進一步。這是為什麼？因為他損害別人更多。如果損害別人越多，他的不仁也就更進一步，罪惡也就更加深重。對此，天下的君子知道他的不對而指責他，稱之為不義。現在最大的不義之行就是攻擊別國，卻不去指責，而是跟從它，讚譽它，稱它為義。這哪裡能說知道義和不義的分別呢？

非攻

子墨子言曰：「苟虧人愈多，其不仁茲甚矣，罪益厚。」如果損害別人越多，他的不仁也就更進一步，罪惡也就更加深重。

「虧人自利」，終因貪欲在作怪。無以厭足的欲望，常常是使人罹禍的根源。坑蒙拐騙，巧取豪奪，這是害人；一朝東窗事發，身陷囹圄，這是害己。貪婪而不知足，到頭來，那金幣的叮噹聲，終成了自己的喪鐘。

四十二 用生態學的觀點看待競爭

用生態學的觀點看待競爭，競爭並非是在已定市場內的你死我活，更不是兩敗俱傷，競爭是一種喚醒，是一種相互助長，競爭的結果是雙方都能得到發展。

子墨子言曰：「夫天下處攻伐久矣，譬若傅子之為馬然。」

——語出《墨子·非攻下》

墨方主張「非攻」，儒家也反對戰爭。但儒家反對戰爭，專就義與不義的問題而言；墨家「非攻」，在義與不義之外，還談到了利與不利的問題。

戰爭，無論在物質，還是精神、性命等方面，都是極大的浪費。墨子說攻戰的不利，有個很妙的比喻，墨子說：「夫天下處攻伐久矣，譬若傅子之為馬然。」即天下處於攻伐的狀態已經很久了，就像驛舍中傳遞消息的人對待他的馬一樣。墨子的意思是，

長期的戰爭使人民勞累，就像驛舍中傳遞消息的人長途跋涉使馬勞累一樣。

　　對此，墨子在《耕柱》篇中，有一個更加生動的比喻。墨子說：「大國之攻小國，譬猶童子之為馬也。」意思是說大國攻小國，就像小孩子騎竹馬一樣，用自己的腿跑，累的還是自己的腿。被攻的固然損失慘重。攻擊者也一樣討不到便宜，損失也是無法估計的。雖然，每一場戰爭必有獲勝的，然而循環往復，最後皆受其禍。所以，戰爭不僅不義，且亦無利。

　　對於企業而言，所謂「戰爭」，即「競爭」，似乎墨子「非攻」的思想並無借鑑的意義，其實不然。

　　有人認為，企業要生存就必須進行你死我活的競爭，最常見的態度是──「同行是冤家」。其實這種看法既不正確，也不科學，奉行這一信條的企業，通常的結果是「害人害己」。

　　其一，認為「同行是冤家」的企業，往往為了搞垮競爭對手而不擇手段，很容易踏入「不正當競爭」的雷區，遭到法律的懲罰。

　　其二，認為「同行是冤家」的企業，在「仇人見面，分外眼紅」這一心理的作用下，不可能想到與其他企業進行聯合或合作，發揮集團作戰優勢，而總是孤軍奮戰，四面出擊。

　　其三，認為「同行是冤家」的企業，很容易「急火攻心」，不顧盈虧，不顧市場價格，以單純的廉價銷售，大打價格戰，在「殺人」的同時也弄成「自殺」。

　　總之，認為「同行是冤家」的企業，經常會大搞不正當競爭，其最終的結果只能是「殺敵一千，自傷八百」，弄得得不償失。

　　企業必須拋棄「同行是冤家」這一陳腐、落伍、有害的經營思想和競爭觀念，而應樹立起「同行是冤家，更是親家」的觀點，端正對競爭對手的態度。

　　無疑地，物質利益是競爭的真正核心，任何企業都想在競爭中獲勝，取得「利潤最大化」的效果；而競爭也是站在所有企業面前的最高權威，它「一手捧著桂冠，一手拿著棍棒」，賞罰分明地執行著「優勝劣汰」的鐵律。

　　從這一方面來說，「同行是冤家」是不無道理的，所有企業也都應該對競爭對手保持必要的警惕：既要設法「吃掉」對手，也要防範被對手「吃掉」。

　　然而，從另一方面看，企業和競爭對手之間又是「親家」，理由在於：

　　其一，競爭是企業發展的動力，可以促進企業提高效率和活力，保持戰鬥力。正當的競爭，能使企業鍛鍊出適應市場的能力，也能讓企業煥發生機和朝氣。

　　其二，競爭可以促進社會生產力的發展，把市場蛋糕變得越來越大，從而實現「雙贏」的效果。沒有競爭對手的存在，市場反而萎縮。

　　其三，不同競爭者的存在，可以使消費者有更多的選擇餘地，更樂意掏出腰包裡的鈔票，避免產生因產品單一而對市場逐漸冷淡、漠視的不良心理。

其四，不同競爭者的存在，可以使企業學習到自己欠缺的思想和行為，提高自身素質。

綜上所述，企業不但不能怨恨競爭對手，反而應該感激這些對手。對手們雖讓我們跑得更累，但也讓我們跑得更快。

正如馬歇爾在其名著《經濟學原理》中提出的「樹木原理」所揭示的那樣，產業和樹木一樣有演進的過程，缺乏活力的產業最終會讓位給充滿青春活力的。此外，值得注意的是，雖然植物對陽光能源是有競爭性的，但在林區中多種植物聚生，卻更有協作性。高大喬木是陽性植物，樹冠在高空伸展以求多吸收陽光；耐陰性的灌木、草本或苔蘚等植物則附於喬木樹蔭之下，既能吸收陽光，又不致被過強的陽光晒死。就整體而言，這樣的林區對陽光這一能源的利用率，顯然高於單種植物區。

對於群聚於同一產業的多數企業而言，長期勢均力敵的爭鬥，結果只會使自己的財力、物力枯竭，難於應付下一輪的競爭與創新。如今，那種你死我活、損人利己的競爭時代已經結束，為了競爭，必須協作。企業如何在一個由多種共生關係組成的產業生態系統中各司其職，共存共生，企業如何有意識地利用生態學觀念制定自己的競爭策略，鼓勵多元企業文化的存在，是擺在當前企業家面前的重大課題。

二十一世紀，企業面臨以下更為嚴峻的產業生態環境：資訊爆炸的壓力，技術進步越來越快，高新技術的使用範圍越來越廣，市場和勞務競爭全球化，產品研發的難度越來越大，消費者的要求越來越苛刻，行業界線將變得更加模糊，市場競爭更多地體現在速度的競爭、全球性技術運行和售後服務等等。

由此可見，在瞬息萬變的全球市場中，任何一個企業，都不能完全做到自給自足。因此，協作是未來的價值，聯營是未來的結構，共生共贏是未來競爭的根基。為此，現代企業應該用生態學的觀念看待未來的競爭。

智者慧語

在生意上遇到精明、強勁的競爭對手，是用錢都買不到的「好事」。正如微軟總裁比爾·蓋茲所說：「沒有對手競爭，也就沒有壓力。在競爭激烈的市場上，『突破性』是最大的推動力之一。企業要設法讓自己穩固，保持競爭力。如果是較新的、基礎尚未穩固的公司，必須有更多的創意性的發展機會，推出有新價值的產品，從而爭取新客戶。」

墨子看童子騎竹馬

子墨子言日：「大國之攻小國，譬猶童子之為馬也。」大國攻打小國，就像小孩子騎竹馬一樣，用自己的腿跑，累的還是自己的腿。

大國攻打小國，被攻的國家，固然農夫不能耕種，婦人不能紡織，大家都得從事守衛的工作。攻人的一方，農夫也不能耕種，婦人也不能紡織，大家都得從事於攻城的工作。所以，大國攻打小國，就像孩童玩竹馬一樣，不過是自討苦吃罷了。

連結解讀

原文精華

夫天下處攻伐久矣，譬若傅子之為馬然。

——《非攻下第十九》

今譯

天下處於攻伐的時期已經很久了，就像驛舍中傳遞消息的人對待他的馬一樣。

原文精華

大國之攻小國，譬猶童子之為馬也。童子之為馬，足用而勞。今大國之攻小國也，攻者，農夫不得耕，婦人不得織，以守為事；攻人者，亦農夫不得耕，婦人不得織，以攻為事。故大國之攻小國也，譬猶童子之為馬也。

——《耕柱第四十六》

今譯

大國攻打小國，就好像童子騎竹馬一樣。童子騎竹馬，用自己的腿跑，累的還是自己的腿。現在大國攻打小國，被攻的國家，農夫不能耕種，婦女不能紡織，以防守為事；攻人的國家，也是農夫不能耕種，婦女不能紡織，以攻打為事。所以說大國攻打小國，就好像童子騎竹馬一樣。

大國之攻小國，譬猶童子之為馬也。

——墨子·《耕柱》

　　墨子以功利主義救世，所以最重「實用」與「實利」，凡事皆從最有利於多數人民方面打算。他認為戰爭只是少數野心家得利，而對大多數人是有害的，所以必須反對。但他也贊成「有義」誅「不義」，如禹伐有苗、湯誅桀、武王誅紂。因為這是代天行罰，是為民除害，是為大多數人造福。

國家圖書館出版品預行編目（CIP）資料

作墨子的 CEO 門徒：兼愛非攻的管理講義 / 歐陽翰，劉燁 編著.
-- 第一版 . -- 臺北市：崧燁文化，2020.04
　　面；　公分
POD 版

ISBN 978-986-516-361-7(平裝)

1.(周) 墨翟 2. 學術思想 3. 企業管理 4. 謀略

494　　　　　　　　　　　　　　　　　108022401

書　　名：作墨子的 CEO 門徒：兼愛非攻的管理講義
作　　者：歐陽翰，劉燁 編著
發 行 人：黃振庭
出 版 者：崧燁文化事業有限公司
發 行 者：崧燁文化事業有限公司
E - m a i l：sonbookservice@gmail.com
粉 絲 頁：　　網址：
地　　址：台北市中正區重慶南路一段六十一號八樓 815 室
8F.-815, No.61, Sec. 1, Chongqing S. Rd., Zhongzheng
Dist., Taipei City 100, Taiwan (R.O.C.)
電　　話：(02)2370-3310 傳　真：(02) 2388-1990
總 經 銷：紅螞蟻圖書有限公司
地　　址：台北市內湖區舊宗路二段 121 巷 19 號
電　　話:02-2795-3656 傳真 :02-2795-4100　　網址：
印　　刷：京峯彩色印刷有限公司（京峰數位）
　　本書版權為千華駐讀書堂出版社所有授權崧博出版事業有限公司獨家發行電子
　　書及繁體書繁體字版。若有其他相關權利及授權需求請與本公司聯繫。
定　　價：290 元
發行日期：2020 年 04 月第一版
◎ 本書以 POD 印製發行

獨家贈品

親愛的讀者歡迎您選購到您喜愛的書，為了感謝您，我們提供了一份禮品，爽讀 app 的電子書無償使用三個月，近萬本書免費提供您享受閱讀的樂趣。

ios 系統　　　　安卓系統　　　　讀者贈品

請先依照自己的手機型號掃描安裝 APP 註冊，再掃描「讀者贈品」，複製優惠碼至 APP 內兌換

優惠碼（兌換期限 2025/12/30）
READERKUTRA86NWK

爽讀 APP

- 多元書種、萬卷書籍，電子書飽讀服務引領閱讀新浪潮！
- AI 語音助您閱讀，萬本好書任您挑選
- 領取限時優惠碼，三個月沉浸在書海中
- 固定月費無限暢讀，輕鬆打造專屬閱讀時光

不用留下個人資料，只需行動電話認證，不會有任何騷擾或詐騙電話。